U0170938

本书得到国家重点基础研究发展计划（2015CB452702），
国家自然科学基金项目（41671098，41301089）的资助

喀斯特生态系统服务
优化模拟与时空归因

高江波　著

科　学　出　版　社
北　京

内 容 简 介

本书以喀斯特地区的生态系统服务为主题,在对喀斯特地区已有研究成果、土地利用、植被覆盖等进行分析的基础上,对土壤侵蚀、产流服务、水源涵养、气候效应、植被固碳等生态系统服务的关键科学问题进行了探讨。研究内容涵盖了地理学水、土、气、生、人五大圈层,研究尺度从典型喀斯特峰丛洼地流域到贵州省再到中国西南喀斯特地区,形成从流域尺度到区域尺度"自下而上"的研究模式,实现了喀斯特生态系统服务不同时空尺度的集成研究。

本书可供从事地理学、生态学和环境科学的研究人员及相关管理部门参考。

图书在版编目(CIP)数据

喀斯特生态系统服务优化模拟与时空归因 / 高江波著.
—北京:科学出版社,2020.6
ISBN 978-7-03-063043-8

Ⅰ.①喀… Ⅱ.①高… Ⅲ.①岩溶地貌–生态系–研究 Ⅳ.①P931.5

中国版本图书馆 CIP 数据核字(2019)第 244069 号

责任编辑:李 敏 杨逢渤 / 责任校对:樊雅琼
责任印制:吴兆东 / 封面设计:无极书装

科学出版社 出版
北京东黄城根北街 16 号
邮政编码:100717
http://www.sciencep.com

北京虎彩文化传播有限公司 印刷
科学出版社发行 各地新华书店经销
*
2020 年 6 月第 一 版 开本:720×1000 1/16
2020 年 6 月第一次印刷 印张:12 1/2
字数:500 000
定价:188.00 元
(如有印装质量问题,我社负责调换)

序

　　脆弱生态系统是 MA、IPCC、TEEB 和 IPBES 等国际研究计划或组织长期重点关注的对象。西南喀斯特地区作为我国典型的生态脆弱区和生态屏障功能区，石漠化带来的生态系统服务水平下降现象成为政府和学界的热点议题。党的十九大报告提出要"开展国土绿化行动，推进荒漠化、石漠化、水土流失综合治理"，《岩溶地区石漠化综合治理工程"十三五"建设规划》也强调加快喀斯特生态系统恢复和建设，提升生态系统服务水平。当前，我国西南喀斯特地区生态环境保护与经济发展矛盾仍较突出，生态系统服务退化与贫困化的恶性循环依然存在，严重制约区域经济和社会可持续发展，限制生态屏障功能的有效发挥。显然，西南喀斯特石漠化遏制与生态恢复重建是维系山水林田湖草生命共同体和践行生态文明建设与绿色发展的应有之义。然而，喀斯特异质环境条件下生态系统服务研究远落后于石漠化治理实践，生态重建与修复的科学基础尚显薄弱，急需构建喀斯特生态恢复的理论体系和应用策略。

　　过去近 10 年，中国科学院地理科学与资源研究所高江波副研究员带领研究团队，在贵州喀斯特地区潜心研究，辛勤耕耘。该团队遵循生态系统结构—过程—功能—服务—福祉这一集成研究框架，系统研究了喀斯特地区土壤侵蚀、坡面产流、水源涵养、气候调节、植被固碳等生态系统服务，对多尺度山地水土时空耦合及其效应进行地理时空的定量归因。值得一提的是，该团队以科学哲学思维作为指导，从本体论视角辨识喀斯特生态系统服务研究的核心科学问题，从方法论视角创新和优化了通用模型在该区的应用，建构了刻画自然与人为要素相互作用、人地耦合系统互馈机制的方法和技术体系，提升了对喀斯特生态系统服务形成机理及其与人类福祉关系的认知水平。《喀斯特生态系统服务优化模拟与时空归因》是该团队前期研究成果的一部分。十年一剑，实为上乘之作。

　　目前，我国强力推进生态文明建设，坚持"生态优先，绿色发展"理念。贵州省正在实施"大生态"战略行动，探索高质量发展新途径。加强脆弱生态系统研究，科学防治岩溶石漠化，是落实习近平总书记"两山"理论的重大举措，也是西南喀斯特地区有序实施重大生态工程和持续加强生态治理战略的突破口。《喀斯特生态系统服务优化模拟与时空归因》一书，对于指导该地区生态重建与恢复、实现区域可持续发展具有重要意义，是把论文写在中国大地上的典范之作。

　　作为国内较早关注生态系统服务研究的学者，我欣喜地看到近年来青年一代在这一领域的快速成长，高江波便是其中的佼佼者。我谨向广大读者推荐此书，相信该书的出版发行能够提升我国喀斯特地区生态系统服务研究学术水准和石漠化综合治理效能。希望江波及其团队扎根中国大地，瞄准国际前沿，再接再厉，为中国乃至全球喀斯特生态系统服务研究做出更大的贡献。在著作付梓之际，作者邀我写点评述，自知力有未逮，若有叙说不当，谨请作者和读者鉴谅。

　　是为序。

李双成

2020 年 6 月 1 日
于北大燕园

前　言

提起喀斯特，或许人们首先想到的是发展落后、经济贫穷、少数民族、山地广布……但事实上，喀斯特地区壮美的自然景观近年来也吸引了大量游客。此外，这些地区不仅旅游业呈井喷式发展，其社会经济各行业在 2010 年之后也都呈现快速增长态势，如我国南方喀斯特的核心区贵州 2017 年 GDP 增长 10.2%，增速连续 7 年排全国前三位。而在学术界，生态脆弱（抵御外界扰动的能力）、石漠化（岩石裸露与生产功能衰退问题）才是喀斯特地区最重要的标签。共抓大保护，不搞大开发，是习近平总书记提出的长江经济带大保护的重要内容。当前，国际上的 Future Earth、IPBES 等重大科学研究计划均致力于推动生态系统服务研究，并倡导充分发挥生态系统服务在协调社会与自然系统方面的链接作用，但无论是喀斯特相关研究文献，还是该区生态工程评估报告均反映了基础研究落后于治理实践的现状，也反映了喀斯特地区生态系统服务研究的滞后及其支撑能力的不足。

我们认为，与其将生态系统服务理解为生态学问题，不如将其解读为地理学这一古老学科在当今人与环境矛盾突出的时代而衍生出来的新议题和新方向。这种认识来源于地理学思维和理论在生态系统服务研究发展中的指引性及其对该领域相关研究瓶颈的突破意义。这其中，人地关系无疑是生态系统服务的导向，指引了该领域前沿议题——级联效应的深化发展，地表过程与格局的耦合为生态系统服务研究奠定了坚实的理论基础，而空间异质性与多尺度特征更是突破生态系统服务研究障碍的重要思路。20 世纪末至今，在中国不同类型区域，如生态脆弱区、城市群等，生态系统服务相关研究已经被推崇至极热的程度，最为典型的是，在黄土高原地表过程与服务格局的集成研究已经成为该领域的标杆成果。尽管如此，我国西南喀斯特地区在侧重过程的生态学与以格局研究为优势的地理学之间似乎仍存在鸿沟，二者的融合依然没有引起足够的重视。因此，本书从地理学综合研究出发，以生态过程为起点，以级联效应为桥梁，以地理时空归因为落脚，以期为推进喀斯特生态系统服务研究做一些贡献。

再次将焦点对准人地关系系统，生态系统服务领域中的结构-过程-功能-服务-福祉这一集成研究框架，全面反映了人地关系系统的内涵，我们的工作相对而言更侧重于前端有关结构与功能的融合创新，但真正体现地理学所推崇的服务社会发展、满足国家需求、学以致用的精神，还需要在人地关系系统耦合这一宏伟框架下针对服务供需及其福祉关联等方面做出很多努力。这既包括自然科学里面过程研究的深化，同时也需要在集成模式和不同区域优化方案选择上做出出色的研究成果。而这也应该成为青年地理工作者需要不断思索、终身探索的有价值、有意义的事业。

本书的撰写得到很多专家学者的帮助，感谢北京大学的蔡运龙教授和李双成教授带我打开喀斯特生态系统服务研究的大门，感谢中国科学院地理科学与资源研究所吴绍洪研究员和戴尔阜研究员对我近年来相关工作的支持，感谢普定喀斯特生态系统观测研究站和环江喀斯特生态系统观测研究站的诸位同事对我的帮助，纸上得来终觉浅，野外台站的同事帮助我把论文写在祖国大地上，最后感谢国家自然科学基金委员会、科学技术部相关研究项目的支持。最需要感谢的是我的家人，你们的理解和包容是我工作中最大的动力，生活的点滴丰富了枯燥的科研时间。

本书共分 9 章，囊括了土地利用/覆被的时空变异、生态系统服务的优化模拟与驱动机制、多服务权衡/协同关系等内容，这些内容相对独立而又按照结构与功能的逻辑逐步深化。各章分工如下：第 1 章由高江波、左丽媛撰写；第 2 章和第 3 章由高江波、侯文娟撰写；第 4 ~ 8 章由高江波、侯文娟、王欢、左丽媛撰写；第 9 章由高江波撰写。书中内容覆盖范围较广，难免存在不足之处，敬请读者批评指正。

高江波

2019 年 6 月

目 录

前言
第1章 喀斯特生态系统服务相关研究进展 ……………………………………… 1
    1.1 山区生态系统服务研究概况 …………………………………………… 2
    1.2 喀斯特生态系统脆弱性研究进展 …………………………………… 5
    1.3 喀斯特生态过程与生态系统服务研究现状 ………………………… 10
    参考文献 ………………………………………………………………… 21
第2章 喀斯特地区土地利用/覆被时空变异特征 …………………………… 27
    2.1 西南喀斯特地区自然地理特征 ……………………………………… 27
    2.2 研究数据和方法 ……………………………………………………… 31
    2.3 喀斯特地区1982~2013年植被覆盖的时空变化特征 …………… 34
    2.4 贵州喀斯特高原植被覆盖的多尺度空间变异性 …………………… 37
    2.5 喀斯特流域景观破碎化的多尺度空间变异 ………………………… 44
    2.6 小结 …………………………………………………………………… 50
    参考文献 ………………………………………………………………… 50
第3章 喀斯特植被覆盖多尺度变异的驱动机制 …………………………… 53
    3.1 研究数据和方法 ……………………………………………………… 53
    3.2 气候变化背景下喀斯特地区植被覆盖的时空变化特征 ………… 57
    3.3 喀斯特地区植被覆盖与景观破碎化关系的空间变异性 ………… 65
    3.4 喀斯特地区植被覆盖与环境因子的多尺度空间非平稳关系 …… 72
    3.5 小结 …………………………………………………………………… 77
    参考文献 ………………………………………………………………… 78
第4章 喀斯特土壤侵蚀动态模拟与空间归因 …………………………… 80
    4.1 研究区域 ……………………………………………………………… 81
    4.2 数据来源与研究方法 ………………………………………………… 82
    4.3 喀斯特土壤侵蚀空间梯度分析 …………………………………… 87
    4.4 不同地貌类型区土壤侵蚀定量归因 ……………………………… 91
    4.5 喀斯特土壤侵蚀动态模拟与主导因子辨识 ……………………… 94
    4.6 喀斯特土壤侵蚀变率的驱动因子研究 …………………………… 98

    4.7　小结 ·· 100

    参考文献 ·· 101

第 5 章　喀斯特生态系统产流服务及空间变异 ······················ 104

    5.1　研究数据和方法 ··· 104

    5.2　三岔河流域主干流产流服务的空间格局 ················· 110

    5.3　三岔河流域主干流产流服务的地形梯度分析 ············ 111

    5.4　三岔河流域主干流产流服务与地表覆盖的空间统计关系 ····· 113

    5.5　基于地理探测器的喀斯特流域主干流产流影响定量归因 ····· 116

    5.6　小结 ·· 127

    参考文献 ·· 128

第 6 章　基于能量平衡的喀斯特石漠化水源涵养与气候效应 ······ 130

    6.1　模式介绍 ··· 130

    6.2　WRF-SSiB 模式动力降尺度的能力评估 ················· 137

    6.3　喀斯特高原土地退化对能量传输的影响 ················· 138

    6.4　喀斯特植被类型与属性变化的气候敏感性研究 ········· 144

    6.5　小结 ·· 149

    参考文献 ·· 150

第 7 章　喀斯特植被碳固定的空间分布格局及其定量归因 ·········· 152

    7.1　研究方法 ··· 153

    7.2　喀斯特地区植被 NPP 优化模拟与空间分布 ············ 156

    7.3　植被固碳量影响因子及交互作用研究 ··················· 161

    7.4　小结 ·· 166

    参考文献 ·· 167

第 8 章　喀斯特生态系统服务时空权衡关系解析 ····················· 169

    8.1　研究方法 ··· 170

    8.2　地理环境因子梯度下生态系统服务空间权衡分析 ······ 175

    8.3　不同地貌形态类型区生态系统服务权衡关系空间分异研究 ···· 179

    8.4　喀斯特生态系统服务权衡的时空变异性解析 ············ 180

    8.5　小结 ·· 185

    参考文献 ·· 186

第 9 章　主要结论与展望 ··· 189

    9.1　主要结论 ··· 189

    9.2　未来研究展望 ··· 190

|第1章| 喀斯特生态系统服务相关研究进展

生态系统服务是指生态系统形成和所维持的人类赖以生存和发展的环境条件与效用（Daily，1997），它是通过生态系统的功能直接或间接得到的产品和服务。这种由自然资本的能流、物流、信息流构成的生态系统服务和非自然资本结合在一起所产生的人类福利，其功能效用不仅包括生态系统为人类所提供的食物、淡水及其他工农业生产的原料，更重要的是支撑与维持了地球的生命支持系统，维持生命物质的生物地球化学循环与水文循环，维持生物物种的多样性，净化环境，维持大气化学的平衡与稳定。生态系统服务是人类赖以生存和发展的资源与环境基础。当前，生态系统服务已成为生态学、地理学、经济学等诸多学科的前沿课题和新的增长点。

生态系统服务评估和管理是维持生态系统结构稳定和功能健全、人类健康和安全、区域乃至全球生态安全的必然要求。然而，当前喀斯特生态系统服务研究科学基础总体薄弱，虽基于典型样地对单一生态过程进行观测与实验，但环境变化影响的梯度分析和机理模拟仍不多见；即使考虑多种生态系统服务间的关系，也仅仅是借助价值当量或经验公式进行初步探讨；更为突出的是，并未有效地将土地利用、生态过程与生态系统服务有机结合，难以解释生态系统服务及其相互关系的动态变化与空间异质性。因此，综合观测实验、数值模型、统计分析等手段，以自然环境脆弱、石漠化威胁严重的喀斯特地区为案例区，开展土壤保持及土壤水分涵养服务的权衡机制和格局动态系统研究，有助于喀斯特生态系统结构–过程–功能–服务级联关系的明晰，并推进生态系统服务研究领域的拓展和创新，以及石漠化/恢复生态学理论的发展与完善。辨识喀斯特生态系统服务相互关系时空差异的主导驱动过程，并厘清其中存在的阈值效应与尺度依存特征，不仅有益于拓展生态系统服务权衡与协同研究的深度和广度，而且对提升地理学综合研究水平具有重要作用。

1.1 山区生态系统服务研究概况

1.1.1 生态系统服务及其权衡/协同

生态系统服务按照效用类型可分为供给服务、调节服务、文化服务和支持服务四类（Millennium Ecosystem Assessment，2005）（图 1-1）。生态系统服务彼此之间相互影响，在人类根据自身需求和价值理论对生态系统施加选择性干预的情况下，某些生态系统服务的供给，由于其他类型生态系统服务使用的增加而减少，即视为权衡（trade-offs）关系，而两种或多种生态系统服务同时增强或削弱的情形，称为协同（synergies）（Tallis et al.，2008）。当前，生态系统服务及其权衡和协同关系已成为生态学与相关学科研究的前沿领域。2005 年千年生态系统评估报告（Millennium Ecosystem Assessment，MA）的发布，对生态系统服务研究起到巨大的推动作用。在 2012 年批准建设的联合国生物多样性和生态系统服务政府间科学政策平台（The Intergovernmental Science- Policy Platform on Biodiversity and Ecosystem Services，IPBES）涉及生态系统服务评估、创造知识、决策工具、能力建设四大功能。"未来地球"（Future Earth）计划（2014—2023）（Future Earth Transition Team，2013）启动实施了 "ecoSERVICES" 核心研究项目，以揭示生物多样性、生态系统服务和人类福祉的关联机制。生态系统服务已成为当前生态学、地理学、经济学等诸多学科的前沿课题和新的增长点（Sutherland et al.，2006）。

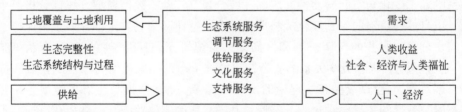

图 1-1　生态完整性、生态系统服务及人类福祉互馈关系概念框架（Burkhard et al.，2012）

国内外有关生态系统服务的研究主要包括服务分类、相互作用、影响机制、价值化、人类福祉等内容。其中，服务分类是研究的基础，服务权衡/协同机制是研究的核心，耦合与提升人类福祉是研究的目标。在 MA 的分类方案中，用以表征生态和水文过程、生物地球化学过程等的支持服务到供给服务、调节服务的形成与转换在概念框架和逻辑关系上很明晰，但由于生态系统复杂性、动态性和自适应性及受到多利益相关方的影响，尤其在异质性景观条件下，生态系统结构、过程、功能、服务间的传递关系尚不十分清楚。例如，虽然生物多样性被认为可以影响到生态系统功能和服务，但其间关系往往与特定地点联系在一起。此外，生态系统服务的"空间流向"与"时空尺度"问题已得到普遍认同，但如何超越"静态图"方式，开展生态系统服务的异质性与跨尺度流动的研究，仍存在诸多难题和不确定性。

生态系统服务质量提升与协同优化是增进人类福祉的必然要求。Rodríguez 等（2006）认为环境管理政策的制定应当考虑生态系统服务在空间和时间尺度的权衡。目前服务权衡/协同已被诸多国际研究组织列为优先主题，如联合国粮食及农业组织（Food and Agriculture Organization of the United Nations，FAO）、联合国环境规划署（United Nations Environment Programme，UNEP）、森林碳伙伴基金（Forest Carbon Partnership Facility，FCPF）等。服务权衡/协同研究旨在揭示自然-社会-经济复合系统中生态系统服务权衡与气候变化、生态过程、景观过程、土地利用/覆被变化等众多空间化过程之间的联系（李双成，2014）。服务权衡可从空间、时间和可逆性三个方面进行理解，其大致可以归纳为无相互关联、直接权衡、凸权衡、凹权衡、非单调凹权衡及反"S"形权衡等类型（Lester et al.，2013）。

在服务权衡/协同机制方面，Bennett 等（2009）发现几个独立的特征可同时影响多重服务传递，由此产生了特征的关联和服务的集聚，如图 1-2 显示了土地利用程度对多种生态系统服务及其相互关系的综合影响过程（Braat，2009）。进一步地，由于生态系统功能及服务供给和需求在空间上的不一致与尺度效应，生

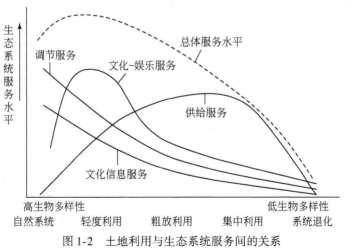

图 1-2 土地利用与生态系统服务间的关系

态系统服务权衡/协同机制具有尺度依存特性，如上中下游对水源涵养、土壤保持、防洪、航运等方面的权衡与协同。由于生态系统服务之间的复杂关系受到自然因素（如海拔、坡度、气候等）和人为因素（包括政策、市场、偏好等）的作用，生态系统服务的相互关系在外界扰动下的响应速率和幅度及其时空尺度效应等与社会实践相关的科学前沿问题，仍是研究中的难点，急需得到解决。

1.1.2　山地过程与效应的复杂特征

联合国确立的"国际山区日"，活动主题逐渐从自然环境研究转变为与人类福祉耦合的综合研究。我国是一个多山的国家，山地地理环境与人类活动的复杂性，导致山区人地关系具有鲜明的特殊性，同时山区也是集水源涵养、水土保持、生物多样性维持、生态产品供给等多种服务与经济社会发展于一体的复杂系统。山地过程多尺度耦合及生态系统服务协同增益，不仅关联山地生态、环境和聚落发展，而且在宏观尺度上关乎区域乃至国家的生态安全。另外，我国山地特别是中西部山地，海拔梯度变化大，气候空间差异明显，自然要素匹配性差，同时人口密度大，资源环境压力极大，山地保护与发展长期处在矛盾的对立与协调之中。例如，喀斯特地区山地景观异质化高，水土关系不协调，水多土少，水土流失严重，生态脆弱性强，长期陷入人口增加—过度垦殖—生态系统服务衰退—经济落后—人口贫困的恶性循环，人地关系失调而凸显对山区发展的制约性。

水、土、气、生是认识自然变化和人文活动影响陆表过程的重要表征参量。对山区自然要素的时空特征与相互作用研究，多是从植被生态、生态水文和生态系统服务等角度进行，研究地域的重点是受水分胁迫明显的区域。现有山地研究主要集中在地学（包括地质学、地球化学、自然地理学、水文学、气象学）、生物学（植物/动物科学及生态学）两大领域，而山地与全球变化、山地生物多样性、山地灾害、山区发展等是山地研究的重要主题。然而，山地地形和气候空间异质性的多梯度、多尺度快速变化，以及由不同因子主导的脆弱性，促使山地过程耦合研究的复杂性更加凸显，对多要素演变机理的揭示难度更大。

在方法体系及其应用方面，现有的山地植被、生态、水文研究，一是样地尺度上的土壤-植被-大气传输观测和模型研究，探究垂直方向水分传输和植被生理生态过程（McDowell et al., 2008）；二是区域尺度上的生态、水文模型研究，探究流域产汇流、土壤流失等过程受下垫面变化的影响机理（程根伟等，2011）。但是，特殊地质条件下（如喀斯特）陆面模式、水文模型、生态模型等的研究相对较少，模型参数率定的不确定性仍需深入研究。不同尺度之间的生态、水文关联研究仍很薄弱，对山区异质景观条件下地表过程与生态效应的连接机制研究，方法论仍不完善。例如，虽已在不同区域，如岩溶山地、片麻岩山地、紫色砂岩山地等，对土壤理化性质、水文循环过程、微生物组成及活性进行了广泛的研究，包括垂直分异性特征（Fu et al., 2016），但综合多种技术手段，基于多尺度的山地水土时空耦合及其效应在机理和驱动机制阐释方面仍是研究的关键。

1.2 喀斯特生态系统脆弱性研究进展

1.2.1 西南喀斯特生态系统的脆弱性特征

随着全球变化研究的兴起，脆弱性已成为全球环境变化及可持续发展科学领域关注的热点问题之一。脆弱性是一种易受到不利影响的特性，主要包括对外界干扰的敏感性和适应性的缺乏等内容（IPCC, 2014）。近年来社会经济飞速发展所带来的气候变化、生物多样性锐减、环境污染、土地荒漠化等生态环境问题，导致生态系统敏感性增强，抗干扰与适应能力减弱，受损后难以恢复，呈现出脆弱性特征（Zhou and Zhao, 2013）。喀斯特地区是世界主要生态脆弱带之一，其生态环境问题是国际地学研究的热点。中国西南喀斯特地区自身独特的地质背景、地上地下二元水文地质结构导致地表土层薄且不连续，水文过程变化迅速，水热因子时空异质性显著，生态系统可恢复性难等；而且人地矛盾突出，在资源开发和经济发展过程中存在不合理开发和破坏生态平衡的行为。因此，在岩溶干旱环境下，生态系统趋于逆向演替，脆弱程度日益加剧。针对中国西南喀斯特地区特殊的地质背景、典型的地上地下二元水文地质结构、特有的植物群落，该区生态系统脆弱性特征可以归纳总结为：以岩石-土壤系统为本底特征，其中的关键驱动机制是地表-地下二元水文结构，而生态系统脆弱特征直接体现在岩溶植被的结构与类型上。

（1）脆弱本底：岩石-土壤系统

喀斯特坡地土壤和下伏碳酸盐岩之间为土-石直接突变接触，岩层孔隙和空洞发育。岩溶区碳酸盐岩中极低的酸不溶物含量使成土速率低，每形成1cm厚的风化土层需要 4000～8500 年，且厚度分配不均、异质性强、土地贫瘠。此外，显著的差异性风化使风化前缘或基岩面强烈起伏，形成大量的岩溶洼地、裂隙等，导致分布于各种地貌中的土壤异质性强；而且这种地质地貌结构容易造成土壤塌陷并积聚至地下空间，由此导致碳酸盐岩地区表层土壤大量丢失，这也成为喀斯特石漠化和生态系统脆弱的地质背景。

（2）关键驱动：地表–地下二元水文结构

碳酸盐岩地区化学溶蚀作用强烈，组成坡地的碳酸盐岩岩层孔隙和孔洞发育成熟，坡地地表径流易于入渗转化为地下径流（彭韬等，2008），壤中流极易通过"筛孔"渗入表层岩溶带，最终都进入地下暗河系统，形成岩溶地区独特的地上地下二元水文地质结构。地高水低、雨多地漏、石多土少和土薄易旱，致使雨量充沛的西南岩溶山区成为特殊干旱缺水区。这种水文格局易使地表干旱缺水；另外，由于各地段地下管网的通畅性差异大，一遇强降水易在低洼处堵塞造成局部涝灾，这实质上也反映了喀斯特山区环境承灾能力弱和生态系统脆弱的特点（王世杰等，2003）。

（3）直观表现：岩溶植被

在岩溶山区基岩裸露、土体浅薄、水分下渗严重等环境背景下，经过严格的自然选择，具有喜钙、耐旱及石生等特性的植物种群在生存下来。由于植物无法获得充足的水分，植被的生长发育受到限制，喀斯特生态系统的树木胸径、树高的生长速度具有速率慢、绝对生长量小，种间、个体间生长过程差异较大，以及生物多样性较低等特点。根据西南地区森林清查资料的估算和分析结果得出喀斯特森林的生物量低于非喀斯特森林，相同的生物气候条件下，喀斯特土体浅薄和水分下渗限制了植物的生长，因此植被群落一旦破坏很有可能难以恢复，进而导致生态系统功能紊乱，脆弱性增强。

1.2.2　基于结构–功能–生境的西南喀斯特生态系统脆弱性研究

近年来人口的迅速增长与有限的耕地资源形成了尖锐的人地矛盾，导致毁林开荒、陡坡耕作、过度放牧等现象加剧，原有的生态平衡受到破坏，生态系统脆弱性特征明显，如近年频发的地质灾害和石漠化现象即体现了该区的生态脆弱性。归根结底，这些现象产生的原因实为人类不合理的开发利用导致原本脆弱的生态系统结构和功能的破坏及生境的恶化。本部分将基于喀斯特生态系统结构–功能–生境研究框架，从系统敏感性（即系统受外界扰动的影响程度）与适应能力（即外界扰动的自我调节能力）角度，阐述喀斯特地区生态系统脆弱性研究现状与进展。

（1）基于结构指标的西南喀斯特生态系统脆弱性研究

生物多样性作为表征生态系统结构的一项重要指标，它与物理环境相结合共同构成生命支持系统和人类社会经济发展的物质基础。一般来说生态系统的生物种类越多，营养结构越复杂，对外界干扰的抵御能力越强，稳定程度越高；反之脆弱程度就越大。对喀斯特地区生物多样性特征、重建机制的研究显示，喀斯特地区每个群落的植物种类都不多 (2~4种), 物种多样性水平不高 (Li et al., 2013), 尤其是在一些为治理石漠化而植树造林的人工种植林区, 植被的物种多样性水平特别低; 且随着石漠化程度的加剧, 植被的物种组成呈递减趋势, 物种多样性下降。喀斯特地区石灰岩植物区系岩溶特征种 (岩溶专有种+岩溶适宜种或广义专有种) 占区系总种数的20%~30%, 如此高比例的岩溶专有种显示了石灰岩植物区系和生物多样性极其特殊, 若生境遭破坏, 这些岩溶专有种会首先丧失, 生态系统将受到严重威胁。例如, 喀斯特地区的石生性植物 [斜叶榕 (*Ficus tinctoria*)、假平婆 (*Sterculia lanceolata* Cav.) 等] 经过长期的适应过程在石缝中生长起来, 一旦毁坏很难通过人工造林等方式恢复。此外, 关键种在生物群落内也起着重要作用, 对茂兰喀斯特森林样地主要关键种的结构和格局分析表明, 主要关键种在高度异质资源位上的分化有助于促进森林的多物种共存和群落的稳定性, 但其微小变化可能导致群落或生态系统过程发生较大变化。

喀斯特生态系统的动物群落也担负着物质循环和能量流动的使命, 其中, 土壤动物对生态系统的稳定与恢复发挥着重要作用。在贵州喀斯特高原, 可改善土壤理化性质的腐蚀性土壤动物寡毛纲线蚓, 只在无石漠化样地出现且数量稀少; 而且伴随着干扰强度的加大, 石漠化程度的加剧, 环境不断恶化, 喀斯特区土壤动物的物种数和个体数呈现减少趋势 (熊康宁等, 2012)。尤其是土壤中的一些优势类群, 其数量随着喀斯特植被的退化有明显的减少, 其中还有些常见类群和稀有类群是生态幅小的狭适类群, 对生态环境反应特别敏感。此外, 在西南气候干旱化趋势的严重影响下, 土壤动物的年度变化波动较大, 土壤动物个体总数的水平和垂直分布明显下降, 多样性、均匀性、优势度和丰富度指数急剧降低。

在喀斯特特殊的生境条件下, 植物为承受岩溶干旱和土壤高钙的双重胁迫, 在生存过程中改变了自身的结构及生理生化过程, 通过复杂多样的响应机制 (交叉适应) 获得抗逆性来适应环境。例如, 喀斯特地区植物为适应特殊的环境, 其叶片结构具有一系列的旱生特点: 表皮细胞旱化 (上表皮具凹槽结构, 下表皮具茂密表皮毛)、叶肉分化明显; 植物的根系在宽裂隙维持较高密度, 窄小裂隙迫使其发展为二态根垫 (Schwinning, 2010), 尤其是乔灌木具有发达而强壮的根系, 能攀附岩石、穿透裂隙, 吸收储存在岩石空隙、裂隙中的水分和养分。

(2) 基于关键功能的西南喀斯特生态系统脆弱性研究

生态系统具有物质循环、能量流动、信息传递的基本功能, 各个功能相互联系、紧密结合使生态系统得以存在和发展, 其中能量流动和信息传递主要以物质循环为承载。当前, 针对喀斯特生态系统能量流动及信息传递的研究仍较匮乏, 即使有些关于能量流动的结果, 也多归属于物质循环研究, 因此这里阐述的生态系统功能主要是针对生态系统有机物质的生产及营养元素的循环。

净第一性生产力（net primary productivity，NPP）、净生态系统生产力（net e-cosystem productivity，NEP）是体现植物活动状况的重要变量，也是表征生态系统生产功能和固碳功能的主要指标。结合野外定位观测和模拟实验方法，发现喀斯特地区不同植被覆被类型生产力整体水平相对于非喀斯特地区而言均较低，对外界扰动的敏感度更高；土地利用/覆被变化对有机生产力价值（organic productivity value，OPV）的影响研究表明，随石漠化加剧，生态系统生产功能显著降低（Zhang et al.，2010）；不同气候因子的影响程度有明显差异，其中NEP对气温的敏感度要高于降水（马建勇等，2013），若未来气候继续朝暖干化发展，碳汇能力可能会进一步减弱。

在营养元素的生物化学循环方面，已有研究利用元素循环系数、吸收系数及利用系数等来表征生态系统养分循环的特征，循环系数越大，周转期越短，说明元素归还越快，利用效率越高（张希彪和上官周平，2006），研究表明喀斯特区马尾松群落的各营养元素的循环系数（0.19~0.45）要显著低于鼎湖山马尾松群落（0.68~0.83）（李茜等，2008）。而且随着喀斯特生态系统不断退化，氮和磷元素的吸收率与分解率呈现明显下降趋势，此外，土壤中营养矿物元素易受外界环境的影响而发生迁移，S、Cl、Na、Ca、Mg、Si等元素易发生外迁迁移或向下淋溶，并且外界水分和热量变化的增强导致其中物质的迁移越来越强烈，加重了浅层耕作土中这些矿物质营养元素的贫化。

经过长期的自然和人为选择，喀斯特生态系统中部分植物通过自身生理生化过程与功能调节逐渐适应特殊的生态环境。例如，适当浓度的钙、水胁迫下忍冬属植物能够通过增加体内叶绿素含量、增加渗透压、提高抗氧化能力来避免干旱造成的伤害，且具有气孔排钙，腺体、表皮毛、胞间及细胞壁储钙等多种方式适应富钙环境。此外，不同类型植被的光合速率、水分利用效率等对环境变化响应的灵敏度具有差异性，因此基于不同植被类型（森林、灌木、草地等）代表性样地，深入分析植被对环境胁迫的适应机制，可进行植被恢复与生态重建的适用性评估。例如，中国科学院西双版纳植物园通过对喀斯特地区植物生理生态适应性的研究，正在推广一种适宜石漠化山地生态重建的珍贵油料作物——星油藤（*Plukenetia volubilis* Linneo）（曹坤芳等，2014）。由于植被群落对石漠化治理初期意义重大，目前关于生态系统适应性的研究多针对植物群落，而较少关注其他组分的适应机制。

（3）基于土壤生境特征的西南喀斯特生态系统脆弱性研究

生境是生物出现的环境空间范围，一般指生物生活的生态地理环境，主要包括气候、地形、土壤等环境因子（Grinnell，1917）。其中，在喀斯特地区土地利用与石漠化过程中，变化最为显著的是土壤的理化性质。岩溶石山区水文地质的独特性在于其空间介质具有地表和地下双层结构，地表水、地下水关系密切，水源容易流失于地下，因而作为重要生境条件的土壤水分成为喀斯特生态系统退化和恢复重建的限制因子。通过野外采样和室内实验，对喀斯特地区土壤水分变异的研究表明，受土地利用方式、人为活动等诸多因素的影响，土壤稳定入渗率、近饱和导水率及土壤水分的变异程度整体处于中度及以上水平，而且随石漠化程度的加剧，土壤表层含水量逐渐下降（Chen et al.，2010）；在极端事件影响方面，贵州高原区特大欠水年的持续干旱使得次生林20~40cm土层含水量一度达到极低值（杜雪莲和王世杰，2008）。此外，石漠化程度的加剧也导致了土壤机械组成的变化，最明显的是砂粒含量的下降，不利于土壤团粒结构形成；表层土壤的团聚体稳定性劣化，抗水蚀能力降低，进而影响植物的生长发育。

基于喀斯特的地质水文背景和土壤母岩特性，土壤养分状况易受到自然环境的影响而发生变化，再叠加人为干扰，其土壤养分及微生物生物量碳、氮、磷等都呈现极显著的退化。研究表明喀斯特地区不同土壤和植被组合类型下土壤有机质中稳定碳同位素的变化范围差距大（Zhu and Liu，2008）；而且随着喀斯特地区石漠化程度加剧，土壤活性有机碳及氮、磷、钾等养分呈显著下降趋势（李孝良等，2010），同时土壤pH也逐渐变小，本为富钙偏碱性的土壤酸性增强；而且土地利用变化对土壤理化性质的影响明显大于其他地区，土壤受到干扰后要恢复到干扰前的土壤养分水平需要更长时间。此外，针对土壤理化性质对外界胁迫的非线性响应问题，有研究结果显示，喀斯特石漠化过程中的土壤理化性质并非一直退化，而是一个先退化后稳定的过程。研究推测此现象可能与石漠化裸露岩石的聚集效应有关，即在裸露岩石的影响下，大气沉降的养分及岩溶产物易汇聚到周围的土壤中（盛茂银等，2013）。

当前，生态系统服务已成为生态学、地理学、经济学等诸多学科的前沿课题和新的增长点。但生态系统服务权衡/协同关系在外界扰动下的响应速率和幅度及其时空尺度效应等与社会实践相关的科学前沿问题，仍是研究中的难点，急需得到解决。本章在山区生态系统服务概况的研究基础上，以喀斯特生态系统脆弱性的本地特征为基础，以生态系统生境条件、结构、功能作为表征生态系统健康状况的重要组分，以其优劣程度系统地反映出生态系统脆弱性的状况及其形成机制。然而，目前喀斯特生态系统脆弱性研究大多集中在该区特殊的生态系统各组分脆弱性的外在表现上，通过多要素综合揭示喀斯特生态系统脆弱性机制的研究尚显薄弱。本章在剖析喀斯特生态系统脆弱性特征的基础上，从喀斯特生态系统结构、功能与生境的角度出发，综合考虑系统敏感性与适应性，归纳总结喀斯特生态系统脆弱性研究现状与既有进展，提出其中存在的科学问题，进而展望未来重点研究方向，以期为喀斯特地区石漠化遏制及生态恢复重建提供科学依据。

1.3 喀斯特生态过程与生态系统服务研究现状

1.3.1 喀斯特关键生态过程

岩溶石山区水文地质的独特性在于其空间介质具有地表和地下二元结构，地表水、地下水关系密切，水源容易流失于地下，因而有效调节土壤蓄持和传输水分的能力，是石漠化地区生态恢复与重建的重要措施。对喀斯特地区土壤水分垂向运动的研究表明，石漠化程度、碎石量和土壤质地与结构等对土壤稳定入渗率、饱和导水率及土壤水势等作用明显，其变异程度整体处于中度及以上水平（Chen et al.，2012）。然而，喀斯特地区岩土层的交错镶嵌及地表与地下空间的高度连通性，形成了复杂多变的土壤–岩石环境和类型多样的小生境，造成地表水分运移过程（如降水入渗规律和蒸散状况）的显著差异。

水土流失是石漠化形成的核心问题（Peng and Wang，2012），因此，已对岩溶地区坡面径流及土壤侵蚀过程和机理开展多项研究。喀斯特坡地的土壤侵蚀存在地表降水击溅、流水侵蚀、重力侵蚀、土下化学侵蚀、地下流失、蠕移搬运及人为加速侵蚀等方式叠加的混合侵蚀机制，并受到基岩裸露率、土壤厚度、水文地质结构、植被类型等因素的影响，进而喀斯特成土过程及侵蚀速率对石牙出露—石林发育乃至洼地发育具有控制作用。尽管如此，由于岩溶山区二元水文地质结构及异质性生境，目前尚未十分明晰不同尺度降水入渗产流过程及其主导影响因素，尤其是岩溶山区壤中流、渗透流、坡下流、地下径流等仍缺乏深入研究；而且由于占一定比例出露的石牙与其之间的喀斯特土壤相间交错混布，土表侵蚀发生后，地表径流穿行于石牙间隙间对土壤进行侵蚀，侵蚀扩展途径与类型均较为特殊和复杂。此外，由于入渗和产流过程的影响，土壤中营养矿物元素易随外界环境的变化而发生迁移或淋溶，加重了浅层耕作土矿物质营养元素的贫化。

（1）土壤侵蚀过程

喀斯特生态系统的脆弱性及地上地下二元水文地质结构使得土壤侵蚀具有分异性、尺度性及多过程、多要素耦合特征。目前的土壤侵蚀研究单元以小流域和样地研究为主，针对小流域的研究可以较为系统地认识土壤侵蚀的空间格局，利于多要素的对比，针对样地的研究有利于揭示土壤侵蚀的内在机理。喀斯特土壤侵蚀的发生以地质地貌类型为宏观基础，土地利用、降水量、坡度等因子及因子间交互作用为关键驱动。当前关于土壤侵蚀过程的研究大部分从地质条件、地形地貌、降水量、土地利用四个方面进行探索，多为单要素的研究，针对多要素的耦合研究较少。

1）地质条件。地质条件是影响土壤侵蚀的根本因素。岩性是土壤侵蚀的地质基础，是影响土壤侵蚀时空变异的重要因子（Zeng et al., 2017）。碳酸盐岩中成土物质不足、酸不溶物含量低，使得喀斯特地区成土速率低，需要4000～8000年才能形成1cm厚的土层，而土壤侵蚀量是岩石风化成土量的几十倍甚至几百倍，浅薄的土层消耗殆尽，造成严重的石漠化景观。喀斯特地区的地层岩性与石漠化级别关系密切，石灰岩地区石漠化面积最大、强度最高，纯质碳酸盐地区是强度石漠化的主要分布区，而泥灰岩地区石漠化面积最小。岩石裸露率和地下孔隙度的发育程度是影响喀斯特地区土壤侵蚀、地表侵蚀与地下漏失量分布不均的关键因子，随着地下孔隙度的增大，地表产流、产沙逐渐减少，地下侵蚀呈相反趋势（Dai et al., 2017）；同一坡度或不同坡度的坡面总侵蚀量均随裸岩率的增大而减小（王济等，2010）。

2）地形地貌。地形地貌是土壤侵蚀发生的背景条件。地貌类型从宏观上控制着区域内部的侵蚀特征，熊康宁等（2012）指出在典型石漠化治理区花江示范区内，高原盆地自然条件较好，侵蚀量较小；高原山地陡坡开垦现象较多，水土流失较为严重；高原峡谷区现阶段已濒临无土可流的现状，侵蚀量较小。且不同地貌部位因其土层厚度、土地类型、表层岩溶带发育程度、人类活动等因素的分布差异，侵蚀特征差异巨大。例如，在坡面上，土壤侵蚀以地下漏失为主，洼地底部以地表侵蚀为主（罗为群等，2008）。地形地貌可通过人类活动的区位选择间接影响土壤侵蚀。吴良林等（2009）以广西河池市为研究区探讨了石漠化与地形的相关性，结果表明当坡度小于25°时，由于人类活动在缓坡地区对地表的干扰大于陡坡地区，随着坡度增加，石漠化发生率平缓下降，此时人类活动占据主导地位；在坡度大于25°区域内，土壤侵蚀受自然条件影响，石漠化发生率大幅上升。海拔梯度影响土壤侵蚀垂直维度的景观分层特征，唐睿等（2017）以贵州省罗甸县为研究区探索喀斯特山区土壤侵蚀垂直景观格局，结果表明中海拔地区，由于人类活动的影响，出现强烈的侵蚀景观；在1000～1100m高程带，人类活动减弱，侵蚀等级回降；山顶地区，出现以轻度、强度侵蚀为主的两极分化的侵蚀分布现象。

3）降水量。降水量是土壤侵蚀发生的直接驱动因子。当前有关降水量驱动的研究主要集中于降水强度、降水历时等因素。Peng 和 Wang（2012）基于径流小区实验研究了喀斯特坡地不同土地利用、覆盖和降水机制下的土壤侵蚀效应，并指出在不同降水机制下，土壤侵蚀差异巨大，严重的水土流失主要是由降水深度大于40mm，最大30分钟降水强度超过30mm/h的强降水引起的。郑伟和王中美（2016）采用人工降水方法研究了不同降水强度的降水对贵州喀斯特地区土壤侵蚀特征的影响，结果表明不同降水强度下，随降水强度增大，裸地和植被覆盖小区产流时间提前，裸地的径流速率大于植被覆盖小区。刘正堂等（2014）通过人工模拟降水实验研究了降水强度、降水历时对土壤侵蚀的影响，结果表明降水历时与土壤侵蚀的相关程度大于降水强度，且与地表、地下产沙呈正相关。

4）土地利用。喀斯特地区生态环境脆弱，土层浅薄且成土速度慢，加之人口众多，人地矛盾突出，不合理的土地利用方式导致植被严重破坏、土壤侵蚀加剧、石漠化日益加重。Bai 等（2013）以贵州省普定县喀斯特小流域为研究区，探索了土地利用变化下的土壤侵蚀效应，结果表明土壤侵蚀量从 1979～1991 年的 5258t/（km² · a）下降到 1991～2008 年的 256t/（km² · a），第一时期的剧烈侵蚀来源于 1979 年的大面积森林砍伐。已有研究表明，林地的土壤保持能力最大，耕地最小，且耕地是土壤侵蚀最为严重的土地利用类型，耕地向林地的转换可有效减少土壤侵蚀（倪九派等，2010）。陈佳等（2012）以桂西北喀斯特流域为研究区，选取土壤有机质、水稳性团聚体、团聚体结构破坏率、团聚状况、团聚度、分散率和<0.05mm 粉黏粒含量 7 个指标，探讨了不同土地利用类型的土壤抗蚀性差异，结果表明喀斯特人为干扰使土壤的抗蚀性大大降低，耕地可通过撂荒方式提高土壤抗蚀性。陈洪松等（2012）基于 13 个大型径流小区的定位观测资料分析了喀斯特峰丛洼地不同土地利用方式下的地表侵蚀产沙特征，结果表明随着植被覆盖率的增加，经济林和落叶果树地表侵蚀产沙模数呈降低趋势，而坡耕地因持续人为扰动，地表侵蚀产沙量一直相对较高。因此，不合理的土地利用及人为干扰可降低土壤抗蚀性，增加地表扰动，进而造成土壤侵蚀。

（2）地表水热过程

水分运动是岩溶石漠化的驱动力，目前已有大多数研究关注地表水文过程，并将研究结果应用到生态恢复重建中。同时对降水充沛的西南喀斯特地区来说，由于植被退化、土层浅薄（储水能力低）及岩石渗漏性强等，土壤水分亏缺成为生态系统恢复和重建的主要障碍。因此目前该地区关于水分运动的研究主要集中在土壤水分特征及水土流等方面，这是研究喀斯特生态系统地表水热过程的需要，也是西南地区进行生态系统恢复重建的理论基础。

1）喀斯特地区土壤水分的研究。地表土壤水分对地球系统过程具有重要作用，对生态系统动植物的生长发育及水文循环过程有重大影响。目前对土壤水分的研究已有大量成果，贵州喀斯特地区黄壤有效含水量很小，易受干旱胁迫，石漠化对喀斯特土壤水分的蓄持能力及释放性能有明显的影响，而且土壤有效含水量随着石漠化程度的加深而不断减少。也有研究侧面反映喀斯特地区退化土壤的供水能力显著下降，林地土壤有效含水量及对植物的供水能力显著高于草地（赵中秋等，2006）。

　　喀斯特土壤水分时空异质性也是土壤水分研究的重点。已有研究表明，随着该区石漠化程度的不断加深，土壤含水量呈现显著的时空异质性。前人研究结果也论证了土壤水分时间异质性显著的结论，喀斯特地区土壤水分的动态变化具有明显的季节性，且不同植被类型变化趋势不同（王家文等，2013）；导致喀斯特地区土壤水分干湿季差异明显的因素有降水差异大、土层浅薄储水量低、地下水影响微弱、岩石助渗等。不同土地利用方式的土壤水分随时间的变化均呈明显的"四峰形"波动趋势（张继光等，2010）。该地区不同石漠化程度下土壤水分的空间变异也较明显。研究表明各生境条件下土壤稳渗率具有高度的空间异质性（方胜等，2014）。此外，土石相间分布、土下裂隙发育的小生境差异是喀斯特土壤水分空间差异大、坡位变化异常的重要原因（王家文等，2013）。总之，降水、辐射等气候因子和高程、坡度等地形因子，以及植被覆盖度、植被类型、土壤厚度等对土壤水分空间变异性存在显著影响。

　　2）喀斯特地区降水入渗产流的研究。西南喀斯特地区地处亚热带季风性湿润气候区，降水丰沛但季节分布不均，而表层岩溶带裂隙发育强烈，水分入渗能力强，再加该区生境的异质性较高，导致喀斯特流域的地表水文过程复杂。在喀斯特地区特殊的地质和水文条件下，植被的生长受到阻碍，外加人类活动的破坏，该区出现水土流失、生态系统退化，导致土地资源丧失。目前，已有学者从地质环境、岩性、土壤、植被和气候等方面对降水入渗径流、土壤侵蚀过程及机理开展多项研究。

　　相关科学计划及研究论文的结果表明，喀斯特地区岩溶坡地地表产流受到基岩裸露率、土壤厚度及其空间分布、水文地质结构、植被类型等因素的影响，但是由于该区地质条件的特殊性，目前降水入渗产流过程及其影响因素尚不明确。此外，也有一些研究关注了喀斯特小流域的水文化学特征（刘春等，2015），在不同的时间尺度，主要水文水化学指标的动态变化特征及其影响因素不同。土壤流失也间接反映了坡面径流。在土壤流失方面，土壤侵蚀量随着潜在、无明显、强度、轻度、中度的等级依次增加，轻度和中度应为石漠化治理重点。有学者对喀斯特地区水土流失的特征及影响因素进行了研究（李晋等，2011），包括降水、气候、植被、地形等自然因素和人为因素，结果表明前提条件为地质背景，重要原因为气候，直接原因为自然因素，而人为因素对其产生了巨大的驱动作用。水土流失强度作为水土流失治理和水土保持规划的重要依据，岩溶地区水土流失敏感性的单因素与多因素综合评价及水土流失现状等级的划分也已开展工作。虽然在喀斯特石漠化地区，常用一些防治措施来保持坡地地表土壤不受降水和径流的侵蚀，但是土壤地下漏失现象仍会发生。

　　喀斯特流域特殊的地质背景导致景观格局的空间差异性大，而且生态系统的脆弱性导致喀斯特流域水体的水文变化对外界干扰的敏感性高、响应迅速，水文过程复杂多变，与其他类型区存在明显差异，同时在不同的时空尺度上生态水文过程存在差异。以往对喀斯特地区地表水文过程的研究主要包括土壤水分运动、水土流失及地表地下径流等方面，其中多针对某一要素深入探究，而对多要素（总径流、地表径流、地下径流及蒸散发量等）及多驱动（地形、气候、土地利用与土地覆盖变化等）的地表水文过程的全面剖析仍需加强。而且，对石漠化现象突出的喀斯特地区，植被覆盖对水文过程的影响也非常重要。因此有必要开展基于多要素、多驱动的喀斯特流域水文过程的研究工作，全面系统剖析喀斯特地区地表水热过程，进而为石漠化的综合治理提供理论依据。

3）西南喀斯特地区地表能量循环研究。作为地表热量的主要来源，太阳辐射是大气中物理过程发展变化及植物生长发育最基本的能量基础，其通过对生态系统的直接或间接作用影响植物的生长状况，对植被恢复和生态平衡重建至关重要。因此喀斯特退化生态系统的恢复与重建应建立在全面掌握系统内部水分循环和热量传输两个独立又密切联系的过程的基础之上，探寻优化的水热结构模式，最终实现石漠化地区的彻底治理。

查阅前人对喀斯特地区的能量研究发现，袁淑杰、谷晓平等对贵州喀斯特高原进行了天文辐射的研究。袁淑杰等（2007）的研究表明贵州高原起伏地形下，天文辐射空间分布具有明显的地域分布特征，局地地形因子对起伏地形下天文辐射空间分布的影响随季节和维度变化。谷晓平等（2010）考虑坡度、坡向及地形的相互遮蔽作用对复杂地形天文辐射的影响，估算了太阳总辐射的精细空间分布。

除天文辐射外，还有一些学者研究了岩溶地区的蒸散发，以此表征地气作用的潜热输送。根据韩培丽等（2012）的研究可知，由于岩溶区植被覆盖率低、岩石裸露、土层较薄，雨后表层含水量很快减少，裸露岩石表面很快便无水可供蒸发，雨后蒸发量少。田雷等（2008）定量描述了蒸散发量的转化过程及主要影响因子。此外，也有学者研究了气候变化背景下的能量变化情况，发现1961~2007年乌江流域蒸散发量减少趋势显著（赵玲玲等，2011）。

总体看来，对喀斯特区的能量研究多集中在天文辐射及蒸散发方面，而能量循环的其他组分研究很少有涉及，尤其是针对喀斯特地区土地退化前后各能量组分如何变化的研究仍需加强。在今后的退化生态系统恢复和重建过程中，仅重水分运动而欠缺对能量循环的探讨是片面的，这也必会阻碍石漠化的治理和生态系统的重建。

（3）西南喀斯特地表过程研究方法

土壤-植被-大气连续体（soil-plant-atmosphere continuum，SPAC）物质和能

量传输是地球系统的主要物理过程。对退化的喀斯特生态系统来说，研究 SPAC 系统的物质和能量传输的特征与过程至关重要。前文已对该区地表关键过程的研究进行综述，下面具体介绍前人研究的方法：野外观测实验、模型模拟及遥感反演。

1）野外观测实验。野外观测实验的真实性和可操作性，使得这一方法成为物质和能量传输过程研究中最为重要的方法。野外观测获得的数据可以作为模型模拟的验证对比数据，从而进一步优化模型，因此野外观测的质量会间接影响到物质和能量传输过程的研究。

自 20 世纪 80 年代后期以来，在世界各个不同地区，国际地圈-生物圈计划（International Geosphere-Biosphere Programme，IGBP）和世界气候研究计划（World Climate Research Program，WCRP）组织开展了一系列的陆面过程实验，着重研究地气相互作用，其中主要的大型实验项目有美国堪萨斯草原的"第一次国际卫星陆面气候计划实验"（the first ISLSCP field experiment，FIFE）、西班牙中部半干旱区的"欧洲干旱化区域野外观测实验"（European field experiment in a desertification threatened area，EFEDA）、在赤道湿润带向撒哈拉沙漠过渡半干旱区的撒哈拉沙漠南缘地区萨赫勒水文大气引导实验（Hydrologic Atmospheric Experiment in Sahel，HAPEX-Sahel）等。

在国内也有许多野外观测实验项目在进行，如中日双方为发展气候模式中关于干旱和半干旱区陆面过程的参数方案，在中国黑河流域进行了"黑河流域地气相互作用野外实验"（Heihe River basin field experiment，HEIFE）。除此之外，为深化对中纬度半干旱草原气候-生态相互作用过程、机制及其对全球变化的响应与贡献的认识，一项名为"内蒙古半干旱草原土壤-植被-大气相互作用"的基金重大项目于 1997~2001 年在内蒙古锡林郭勒草原执行（吕达仁等，2005）。在西南喀斯特地区，陈国富（2013）采用野外观测的方法，选取该区峰丛洼地地区的溶洞及其上方的汇水坡面为研究点，对不同降水条件下的坡面径流、表层带径流等进行水文观测，并研究了土壤剖面含水量的分布及土壤蒸发速率的大小。

近年来，随着全球变化、流域水资源管理等热点问题的日益关注，地表水的研究尺度从传统的点或斑块尺度向区域或全球尺度转变。卢俐等（2009）利用北京小汤山 2002 年、2004 年与密云 2007 年的观测数据，研究了波文比系数、风速与气温、有效高度、地表粗糙度与零平面位移高度及稳定度函数对大孔径闪烁仪观测显热通量的影响。对大尺度研究来说，涡动相关仪及闪烁仪等方法虽已被应用于观测，但自身也存在问题。对特殊的喀斯特地区来说，若是利用观测数据外推获得大尺度数据，非均匀的下垫面和复杂的生境条件使得尺度外推有很大的不确定性。

2）模型模拟。对野外观测实验无法实现的大尺度地表通量的研究，在一定的范围内陆面模式可以弥补野外观测实验的不足。近 20 年来数值模式已能够模拟大尺度上 SPAC 系统能量和物质的连续变化过程，而且随着野外观测实验方法的改进，基础数据的准确性也推进了陆面模式的发展。区域气候模式和陆面过程模式作为进行陆-气相互作用研究的重要工具，可以研究地表与大气交界面物质和能量的交换规律，真实地反映地球表面的物理和化学过程。Hu 等（2014）利用天气预报（weather research forecast，WRF）气候模式模拟 2009 ~ 2010 年西南大旱，不同陆地表层方案的模拟能力有差异。Zeng 等（2015）也对不同陆地表层方案下的 WRF 气候模式模拟高温事件进行了敏感性分析。由于不同地区下垫面条件不同，而模式中一些陆面要素的参数化方案无法完全适应这些地区，近些年许多学者利用观测资料对其进行陆面参数优化。在中国西北典型干旱荒漠戈壁下垫面上，陆面模式（SSiB）对一些植被参数（如反照率、叶面积指数）及粗糙度长度等相当敏感。Chen 等（2009）利用观测数据及参数化方案的最新结果对生物圈-大气圈传输模式（biosphere-atmosphere transfer scheme，BATS）陆面过程模式进行优化，优化后的模式在干旱区对地表和深层土壤温度、净短波辐射、净长波辐射及感热通量的模拟能力较原模式有了明显提高。区域气候模式的模拟能力具有区域性差异，选择合适的陆面过程模式耦合到高分辨率的区域气候模式，可以提高模式的模拟能力。例如，曹富强等（2014）利用大气-植被相互作用模式（atmosphere-vegetation interaction model，AVIM）与区域环境系统集成模式耦合，通过对水热通量的模拟发现耦合模式的能力有所提高。与非耦合模式模拟的结果相比，耦合不同陆面方案的 WRF 气候模式对降水量分布、地表通量及地面气象要素的模拟与实况更贴近（李安泰等，2014）。

而在喀斯特地区相关方面研究成果较少，这是由于喀斯特地区为特殊的岩溶干旱，下垫面条件的多变性使得陆面模式模拟结果较差，而且地质背景的特殊性、生境条件的复杂性又使该区的野外观测实验发展缓慢，观测数据的缺乏阻碍了模型参数优化的进度，因此对区域气候模式和陆面模式的数值模拟研究缺乏突破性的成果。现阶段西南喀斯特流域水循环研究的主要方法为流域水文模型和实验方法。流域水文模型主要有由非岩溶流域适度改造后的概念集总式流域水文模型及分布式/半分布式水文模型。任启伟（2006）基于 SWAT 模型，建立了适合西南喀斯特流域的刁江半分布式模型，模拟结果较好。张志才等（2009）根据喀斯特流域多孔介质与裂隙水流特征，基于分布式水文-土壤-植被模型（distributed hydrology soil vegetation model，DHSVM）建立了达西流、裂隙渗流与槽蓄汇流演算相结合的汇合汇流演算模式，得到了改进的岩溶实验流域分布式模型。

3）遥感反演。从多时相、多分辨率、多光谱及多角度遥感信息中可获取地表覆盖状况（植被指数）、冠层结构（如叶面积指数）、地表反射率及土壤水分状况等，这些因子都直接影响 SPAC 的物质和能量传输过程。而为适应全球气候变化，区域陆面传输的研究尺度也从传统的点上或局部研究逐渐转向区域或全球尺度，遥感反演对地表蒸散研究的作用也越来越大。

区域尺度的水热遥感监测与模拟研究是目前遥感技术在水资源领域应用研究的热点和前沿问题。有学者以山东省为例，分析了地表空间异质性对水热通量遥感模拟的影响，并对研究区域水热特征的动态变化进行遥感监测（刘朝顺，2008）。在研究方法上，张杰（2009）首次提出了高垂直分辨率和光谱分辨率的遥感资料结合反演边界层廓线法获取表层空气温度的思路；同时在水分循环的研究中，首次提出遥感反演叶水势的方法。

而在喀斯特地区，有学者应用遥感技术研究了贵州省春季蒸散发空间分布特征，定量描述了蒸散发转化过程（田雷等，2008）。李晓龙（2012）基于地表能量平衡方程和地表参数的空间经验关系的遥感模型，反演白洋淀湿地区域蒸散发量，通过与实测值的比较证明了遥感反演的有效性。

从以往的研究来看，在西南喀斯特地区的相关研究仍然较少，首先是因为喀斯特地区特殊的地形条件，其次是因为遥感反演本身也有局限性，如遥感数据和监测模型的选择与适用性、参数反演的不确定性、时空尺度转换的影响等。但是遥感反演的实时性、区域性使其仍然是水热通量监测的重要方法之一。

1.3.2 喀斯特生态系统服务

（1）喀斯特土壤侵蚀估算方法

在喀斯特土壤侵蚀定量估算方法上，喀斯特土壤侵蚀模拟方法主要包括四类，即人工模拟降水实验法、径流小区实验法、模型模拟法与同位素示踪法。土壤侵蚀机理研究最直接的方法是人工模拟降水实验法，在喀斯特地区，杨智等（2010）基于人工降水实验模拟了喀斯特裸地坡面径流过程，结果表明，不同降水强度和地下孔裂隙度的地表、地下径流分配呈负相关并具有临界点和交叉平衡点；地表径流与降水强度、降水历时呈正相关，与地下孔裂隙度呈负相关。杨成波（2008）在不同岩石裸露率的灌丛降水实验中发现，累积径流量与土壤侵蚀量间关系密切，且呈正相关。王明刚（2007）在粤北喀斯特山区的模拟降水量结果表明，入渗、产流与降水量及降水强度密切相关，降水强度较大和较小时分别以蓄满产流、超渗产路模式为主；下层基岩的入渗产流均以蓄满产流为主；地表覆被可抑制地表产流产沙，大雨强条件下尤为突出。在基于径流小区实验研究方面，Dai 等（2017）设计径流小区实验模拟喀斯特地区的地上地下二元水文地质结构及地表岩石裸露率状况，通过调整地下孔隙度与地表岩石裸露率的大小得到不同情景下的地表地下侵蚀量，进而得到土壤侵蚀与地表岩石裸露率及地下孔隙度的关系。Peng 和 Wang（2012）基于径流小区观测数据研究了不同土地利用类型及降水机制下土壤侵蚀的变化情况，并指出牧草地的土壤侵蚀量最大，幼林地最小。在模型模拟方面，大部分研究选用修正的通用土壤流失模型（the revised universal soil loss equation，RUSLE）模型模拟土壤侵蚀，如曾凌云等（2011）基于 RUSLE 模型分析了贵州省红枫湖流域土壤侵蚀时空变化特征，结果表明土壤侵蚀空间分布呈西强东弱的格局。Zeng 等（2017）利用 RUSLE 模型探究了贵州省印江土家族苗族自治县的时空演化规律，指出在不同的岩性分布区，土壤侵蚀的动态变化差异显著。王尧等（2013）基于 RUSLE 模型模拟了中国西南部喀斯特地区的土壤侵蚀，指出旱地为土壤侵蚀最严重的用地类型。在同位素示踪法方面，Feng 等（2016）利用 ^{137}Cs 法与 RUSLE 模型获得了典型峰丛洼地土壤侵蚀数据，并指出当数字高程模型（digital elevation model，DEM）精度为 1m 时，二者模拟结果的一致性较好；Bai 等（2013）采用 ^{137}Cs 及 ^{210}Pbex 方法研究喀斯特流域土壤侵蚀对土地利用变化的响应，发现 1979 年森林砍伐后，土壤侵蚀的净侵蚀速率大大增加；白占国和万国江（2002）通过建立 ^{7}Be 示踪表层土壤季节性迁移的方法，揭示了喀斯特地区季节性降水及微地形对侵蚀的影响。

当前的大部分研究仍使用通用的方法与经验模型，然而喀斯特地区特殊的地上地下二元水文地质结构及石漠化现象，使得大部分在非喀斯特地区适用的土壤侵蚀研究方法并不能准确估计喀斯特地区土壤侵蚀状况。针对喀斯特地区土壤侵蚀方法的修正应是当前研究的重要内容。此外，尽管已有研究表明，地貌类型从宏观上控制着土壤侵蚀特征，但大部分研究并未考虑区域内部由不同地貌类型区下的气候、地形、人类活动等差异所导致的侵蚀特征差异，而是依旧以区域整体为研究对象，基于全局的研究方法得到的结论过于概括，没有聚焦于喀斯特地区的区域异质性特征。

（2）植被活动的时空变异特征

以往学者分别对植被活动的时空变异特征开展大量研究，不同的时空尺度上植被活动的变化规律存在一些差异。1982～2006 年中国地区的 GIMMS NDVI 年际变化呈现下降趋势（刘少华等，2014）；而在同时段华北地区的归一化植被指数（normalized differential vegetation index，NDVI）以 0.0011/a 的速率呈现显著增加趋势（孙艳玲和郭鹏，2012）；西北地区 NDVI 以 0.0005/a 的速率呈现波动上升趋势（Dai et al.，2011）；东部地区多年平均的植被活动呈现南强北弱的分布特征，且不同区域增减趋势不一（张学珍等，2013）。在全球尺度上，Park 和 Sohn（2010）对东亚北部生长季 NDVI 的研究也得出相似的结论。但同时期韩国大部分地区的 NDVI 未出现显著的变化趋势, 仅有锦江流域显著下降 (90% 置信水平)。1982~2006 年全球植被生长季 NDVI 总体上呈现显著上升趋势; 而在 1997~2006 年, 全球平均生长季 NDVI 呈现下降趋势 (孙进瑜等, 2010)。基于 Theil-Sen 斜率法的全球 NDVI 在 1982~2012 年以每年 0.00046 的速率呈现波动上升趋势 (Liu et al., 2015)。也有学者对全球范围的 NDVI 季节性变化趋势进行了研究, 超过半数 (56.3%) 的陆地表层植被覆盖呈现显著的变化趋势 (Eastman et al., 2013)。植被覆盖状况的时空变异与气候变化、土地利用及覆被变化密切相关。前人从年际变化角度研究发现植被 NDVI 与≥10 ℃积温和降水分别呈微弱的负相关和正相关 (刘少华等, 2014)。而降水与气温变化时间分配不均匀, 仅从年际变化角度分析无法科学探索植被变化的气象限制因子。有研究表明, 不同的气候因子对 NDVI 的影响程度也会随着时间尺度的改变而变化, 且在不同地区存在差异: 从年际变化来看, 华北地区植被与气温的关系较与降水密切; 从年内变化来看, 春、秋季植被生长与气温的关系较与降水密切, 而夏季主要受降水的影响 (孙艳玲和郭鹏, 2012)。而在内蒙古地区与之有差异, 从年际变化来看, 植被总体上与降水的关系更加密切; 从年内变化来看, 植被生长更依赖于水热组合的共同作用。以上这些相关分析的方法也普遍采用基于像元的相关系数公式计算法来获取。

在研究方法方面, 植被覆盖度 (或 NDVI) 的趋势分析多采用基于最小二乘法的线性回归方法, 选取回归方程的斜率作趋势分析, 或以变异系数表征变化特征。目前 Sen 趋势度法结合 Mann-Kendall 算法也广泛应用到植被变化趋势分析中。人类活动对植被覆盖变化的影响难以定量化, 目前较常见的方法是残差法, 即通过 NDVI 和气候因子的回归分析, 将 NDVI 回归预测值和真实值间的差值作为人类活动影响程度。此外, 土地利用与覆被的时空变化也用来间接衡量人类活动的影响, 也是区域植被覆盖变化的重要驱动因子。相关研究表明在城市化背景下, 35% 的植被覆盖退化区域与土地利用变化 (土地功能改变) 相关 (梁尧钦等, 2012); 农业生产的提高、城市化进程的加速及生态建设的重视等人类活动是影响植被覆盖变化空间分异的重要因素 (王静等, 2014)。而在研究方法上也多是通过土地利用变化转移矩阵等来分析其对植被覆盖的影响。

而在西南喀斯特地区, 有关研究仍欠缺。具体来说, 从研究的时间尺度上, 目前关于喀斯特生态系统植被覆盖对气候变化响应的研究大多数集中在年际变化方面。从研究方法上来说, 植被覆盖变化与气候变化的相关性分析多选取基于像元的相关系数公式法计算获得, 方法较单一。基于最小二乘法的多元线性回归, 结合标准化的系数, 可分析多种因子与 NDVI 的相关性; 此外, 为能更全面且深入地理解气候因子对植被覆盖的影响, 还可采用地理加权回归 (geographic weighted regression，GWR）的方法在空间上分析气候因子与植被覆盖的相关关系，同时也弥补了传统回归方法未考虑地理位置的缺陷。

（3）喀斯特关键生态系统服务格局

当前，喀斯特生态系统服务研究一方面包括借助价值当量方法或传统经验模型进行不同尺度的服务价值评估；另一方面在生态系统土壤侵蚀评估、土壤水分变化等方面开展的研究工作反映了土壤保持服务、土壤水分涵养服务的核心内容。尽管如此，综合观测实验、机理模型、联系上述喀斯特生态过程，对喀斯特生态系统服务时空变异特征、尤其是其相互关系、权衡机制和尺度效应的研究，尚显薄弱。

土壤侵蚀定量评估是土壤保持服务的基础性工作。喀斯特地区生态系统的高度脆弱性、特殊的水文地质结构及石漠化问题引起国内外专家学者的高度重视，诸多有关土壤侵蚀的研究在该地区开展（Dai et al.，2017）。熊康宁等（2012）指出地貌类型从宏观上控制着各区域的侵蚀特征：高原山地侵蚀严重；高原盆地侵蚀较轻；高原峡谷早期侵蚀剧烈，现阶段已无土可流。苏维词（2001）分析了贵州喀斯特山区土壤侵蚀性退化特征及其防治措施；龙明忠等（2006）调查了喀斯特峡谷土壤侵蚀状况及其随石漠化演替而呈现的变化特征。高华端和李锐（2006）从地质尺度分析了喀斯特地区水土流失空间特性；王尧等（2013）分析了贵州省不同土地利用类型对土壤侵蚀的影响，并指出旱地地区土壤侵蚀量最大，土壤抗蚀性强弱顺序为原生林>次生林>撂荒地>坡耕地>人工林（陈佳等，2012），今后预防水土流失的重要区域为林地、耕地和草地及海拔在 600～1600m 的区域（孙德亮等，2016）；吴良林等（2009）认为坡度小于 25°的地形区中，随坡度增大石漠化发生率平缓下降，坡度大于 25°的地形区，随坡度增大石漠化发生率上升；刘正堂等（2014）指出地表产流、产沙量随基岩裸露率增大呈波动上升趋势；研究大多发现随着石漠化加剧，土壤机械组成发生差异性变化，石漠化导致砂粒含量下降，影响土壤团粒结构形成；表层土壤团聚体稳定性降低，进而导致土壤抗水蚀能力下降（杨新强，2011）；唐睿等（2017）认为在垂直维度上，土壤侵蚀景观具有明显分层特征，由于人类活动影响，在中海拔地区出现连续的强烈侵蚀景观，景观组成以中度侵蚀和强度侵蚀为主；张信宝等（2010）指出喀斯特地区水土流失具有地表和地下流失相互叠加、地表产流产沙少的特点。然而，由于喀斯特岩–土空间分布、地下溶蚀空间发育等，地貌效应和尺度效应非常复杂，尽管以通用土壤流失模型（universal soil loss equation，USLE）为代表的地表土壤侵蚀模型广泛应用于喀斯特地区（Feng et al.，2016），但此类模型在应用过程中应重视开展适用性研究。

土壤水分时空异质性间接反映土壤水分涵养服务。岩溶山区土壤水分时空变异特征与土壤性质、表层岩溶带结构、地形因子、裸岩率、降水量、土地利用等的密切关系已被许多研究证明。对石漠化不同演替阶段土壤体积含水量和质量含水量的变化特征及其驱动因子也开展了系统工作（李孝良，2011）。然而土壤水分空间分布的复杂性和尺度效应问题尚未得到有效解决。例如，由于地表出露岩石的非均匀性与地下岩石裂隙结构的多样性，即使在相同植被覆盖条件下，不同类型小生境水分状况也有很大差异，水分具有明显的时空异质性。已有关于岩溶山区土壤水分时空异质性的研究，对各种影响因素的综合考虑还不充分，包括小尺度范围内生境的高度异质性及不同生境降水入渗产流规律和土壤水分状况差异等的影响。此外，在水文过程驱动下，不合理的土地利用行为，极易导致喀斯特土壤养分含量的降低，如随石漠化的加剧，土壤活性有机碳及氮、磷、钾等呈现极显著的减少趋势（魏亚伟等，2010）。

喀斯特山区自然地理环境的巨大空间差异性及人类活动影响的复杂性，导致生态过程与服务呈现非常显著的变异性和不确定性。近年来，国内外相关领域的诸多学者针对该区的关键地表生物物理与生物化学过程、生态系统服务的估算方法与价值核算、多服务的权衡/协同关系刻画等议题开展了大量工作。与此同时，我们也发现喀斯特生态系统服务研究领域存在着更深层次的科学问题，尤其是多要素、多过程、多驱动研究的薄弱，不仅使得喀斯特生态过程与生态系统服务研究易出现"顾此失彼"的现象，对石漠化治理也难以提供系统知识。因而，课题组系统总结了近 10 年的工作进展，以地理学"过程–格局"耦合理论为基础，围绕喀斯特生态系统服务这一核心问题，开展喀斯特水、土要素的过程耦合与生态系统服务及其权衡的交叉研究，全面阐述了喀斯特水源涵养、土壤侵蚀/保持、碳固定等服务的形成机理、优化模拟、驱动机制、权衡/协同关系等方面的研究工作，以期为地理学综合研究及喀斯特生态学的进展做出科学贡献，为当前正在大范围开展的岩溶治理工程提供参考，为国家生态文明建设与长江流域大保护和生态安全格局的构建提供依据。

参 考 文 献

白占国，万国江. 2002. 滇西和黔中表土^{7}Be 与^{137}Cs 分布特征对比研究. 地理科学，22（1）：43-48.

曹富强，丹利，马柱国. 2014. 区域气候模式与陆面模式的耦合及其对东亚气候模拟的影响. 大气科学，38（2）：322-336.

曹坤芳，付培立，陈亚军，等. 2014. 热带岩溶植物生理生态适应性对于南方石漠化土地生态重建的启示. 中国科学（生命科学），44（3）：238-247.

陈洪松，杨静，傅伟，等. 2012. 桂西北喀斯特峰丛不同土地利用方式坡面产流产沙特征. 农业工程学报，28（16）：121-126.

陈佳, 陈洪松, 冯腾, 等. 2012. 桂西北喀斯特地区不同土地利用类型土壤抗蚀性研究. 中国
   生态农业学报, 20 (1): 105-110.

陈国富. 2013. 岩溶石山区地表蒸散发及水文过程定量研究. 重庆: 西南大学.

程根伟, 石培礼, 田雨. 2011. 西南山地森林变化对洪水频率影响的模拟. 山地学报,
   29 (5): 561-565.

杜雪莲, 王世杰. 2008. 喀斯特高原区土壤水分的时空变异分析: 以贵州清镇王家寨小流域为
   例. 地球与环境, 36 (3): 193-201.

方胜, 彭韬, 王世杰, 等. 2014. 喀斯特坡地土壤稳渗率空间分布变化特征研究. 地球与环境,
   42 (1): 1-10.

高华端, 李锐. 2006. 贵州省地质背景下的区域水土流失特征. 中国水土保持科学, 4 (4):
   26-32.

谷晓平, 袁淑杰, 史岚, 等. 2010. 贵州高原复杂地形下太阳总辐射精细空间分布. 山地学报,
   28 (1): 96-102.

韩培丽, 代俊峰, 关保多. 2012. 径流计算方法及西南岩溶地区径流计算研究. 节水灌溉,
   (2): 46-49.

李安泰, 王亚明, 何宏让, 等. 2014. 耦合不同陆面方案的 WRF 模式对 "8.8" 舟曲暴雨过程
   的模拟. 气象与减灾研究, (1): 21-28.

李晋, 熊康宁, 李晓娜. 2011. 中国南方喀斯特地区水土流失特殊性研究. 中国农学通报,
   27 (23): 227-233.

李茜, 杨胜天, 盛浩然, 等. 2008. 典型喀斯特地区马尾松纯林及马尾松—阔叶树混交林营养
   元素生物循环研究: 以贵州龙里为例. 中国岩溶, 27 (4): 321-328.

李双成. 2014. 生态系统服务地理学. 北京: 科学出版社.

李晓龙. 2012. 湿地蒸散量的遥感反演模型研究. 大连: 大连理工大学.

李孝良, 陈孝民, 周炼川, 等. 2010. 西南喀斯特石漠化过程中土壤有机质组分及其影响因
   素. 山地学报, 28 (1): 56-62.

李孝良. 2011. 贵州喀斯特石漠化演替阶段土壤质量属性变化特征. 南京: 南京农业大学.

龙明忠, 杨洁, 吴克华. 2006. 喀斯特峡谷区不同等级石漠化土壤侵蚀对比研究——以贵州花
   江示范区为例. 贵州师范大学学报 (自然版), 24 (1): 25-30.

梁尧钦, 曾辉, 李菁. 2012. 深圳市大鹏半岛土地利用变化对植被覆盖动态的影响. 应用生态
   学报, 23 (1): 199-205.

刘朝顺. 2008. 区域尺度地表水热的遥感模拟及应用研究. 南京: 南京信息工程大学.

刘春, 杨静, 聂云鹏, 等. 2015. 不同时间尺度喀斯特小流域溪流水文水化学特征. 应用生态
   学报, 26 (9): 2615-2622.

刘少华, 严登华, 史晓亮, 等. 2014. 中国植被 NDVI 与气候因子的年际变化及相关性研究.
   干旱区地理, 37 (3): 480-489.

刘正堂, 戴全厚, 杨智. 2014. 喀斯特裸坡土壤侵蚀模拟研究. 中国岩溶, 33 (3): 356-362.

卢俐, 刘绍民, 徐自为, 等. 2009. 不同下垫面大孔径闪烁仪观测数据处理与分析. 应用气象
   学报, 20 (2): 171-178.

吕达仁, 陈佐忠, 陈家宜, 等. 2005. 内蒙古半干旱草原土壤—植被—大气相互作用综合研究. 气象学报, 63 (5): 571-593.

罗为群, 蒋忠诚, 韩清延, 等. 2008. 岩溶峰丛洼地不同地貌部位土壤分布及其侵蚀特点. 中国水土保持, (12): 46-49.

马建勇, 谷小平, 黄玫, 等. 2013. 近50年贵州净生态系统生产力时空分布特征. 生态环境学报, 22 (9): 1462-1470.

倪九派, 袁道先, 谢德体, 等. 2010. 基于GIS的岩溶槽谷区小流域土壤侵蚀量估算. 应用基础与工程科学学报, 18 (2): 217-225.

庞瑞, 顾峰雪, 张远东, 等. 2012. 西南高山地区净生态系统生产力时空动态. 生态学报, 32 (24): 7844-7856.

彭韬, 王世杰, 张信宝, 等. 2008. 喀斯特坡地地表径流系数监测初报. 地球与环境, 36 (2): 125-129.

任启伟. 2006. 基于改进SWAT模型的西南岩溶流域水量评价方法研究. 武汉: 中国地质大学.

盛茂银, 刘洋, 熊康宁. 2013. 中国南方喀斯特石漠化演替过程中土壤理化性质的响应. 生态学报, 33 (19): 6303-6313.

苏维词. 2001. 贵州喀斯特山区的土壤侵蚀性退化及其防治. 中国岩溶, 20 (3): 217-223.

孙德亮, 赵卫权, 李威, 等. 2016. 基于GIS与RUSLE模型的喀斯特地区土壤侵蚀研究——以贵州省为例. 水土保持通报, 36 (3): 271-276.

孙进瑜, 彭书时, 王旭辉, 等. 2010. 1982–2006年全球植被生长时空变化. 第四纪研究, 30 (3): 522-530.

孙艳玲, 郭鹏. 2012. 1982–2006年华北植被覆盖变化及其与气候变化的关系. 生态环境学报, 21: 7-12.

唐睿, 王晓红, 舒天竹, 等. 2017. 喀斯特山区土壤侵蚀垂直景观格局分析. 山地农业生物学报, 36 (1): 30-35.

田雷, 杨胜天, 王玉娟. 2008. 应用遥感技术研究贵州春季蒸散发空间分异规律. 水土保持研究, 15 (1): 87-91.

王济, 蔡雄飞, 雷丽, 等. 2010. 不同裸岩率下我国西南喀斯特山区土壤侵蚀的室内模拟. 中国岩溶, 29 (1): 1-5.

王家文, 周跃, 肖本秀, 等. 2013. 中国西南喀斯特土壤水分特征研究进展. 中国水土保持, (2): 37-41.

王静, 王克林, 张明阳, 等. 2014. 南方丘陵山地带NDVI时空变化及其驱动因子分析. 资源科学, 36 (8): 1712-1723.

王明刚. 2007. 粤北石漠化土地水土流失过程的人工降雨模拟试验研究. 广州: 华南师范大学.

王世杰, 李阳兵, 李瑞玲. 2003. 喀斯特石漠化的形成背景、演化与治理. 第四纪研究, 23 (6): 657-666.

王尧, 蔡运龙, 潘懋. 2013. 贵州省乌江流域土地利用与土壤侵蚀关系研究. 水土保持研究,

20（3）：11-18.

魏亚伟，苏以荣，陈香碧，等.2010.桂西北喀斯特土壤对生态系统退化的响应.应用生态学报，21（5）：1308-1314.

吴良林，陈秋华，卢远，等.2009.基于GIS/RS的桂西北土地石漠化与喀斯特地形空间相关性分析.中国水土保持科学，7（4）：100-105.

熊康宁，陈浒，王仙攀，等.2012.喀斯特石漠化治理区土壤动物的时空格局与生态功能研究.中国农学通报，28（23）：259-265.

杨成波.2008.人工模拟降雨条件下喀斯特中度石漠化灌丛水土流失研究.贵阳：贵州大学.

杨新强.2011.西南喀斯特地区不同石漠化阶段土壤黏土矿物组成及其影响因素研究.南京：南京农业大学.

杨智，戴全厚，黄启鸿，等.2010.典型喀斯特坡面产流过程试验研究.水土保持学报，24（4）：78-81.

袁淑杰，谷晓平，缪启龙，等.2007.基于GIS的起伏地形下天文辐射分布式模型——以贵州高原为例.山地学报，25（5）：577-583.

曾凌云，汪美华，李春梅.2011.基于RUSLE的贵州省红枫湖流域土壤侵蚀时空变化特征.水文地质工程地质，38（2）：113-118.

张继光，陈洪松，苏以荣，等.2010.喀斯特山区坡面土壤水分变异特征及其与环境因子的关系.农业工程学报，26（9）：87-93.

张杰.2009.半干旱区陆面过程参数化及其遥感反演研究.兰州：兰州大学.

张希彪，上官周平.2006.黄土丘陵区油松人工林与天然林养分分布和生物循环比较.生态学报，26（2）：373-382.

张信宝，王世杰，曹建华，等.2010.西南喀斯特山地水土流失特点及有关石漠化的几个科学问题.中国岩溶，29（3）：274-279.

张学珍，郑景云，何凡能，等.2013.1982~2006年中国东部秋季植被覆盖变化过程的区域差异.自然资源学报，28（1）：28-37.

张志才，陈喜，石朋，等.2009.喀斯特流域分布式水文模型及植被生态水文效应.水科学进展，20（6）：806-811.

赵玲玲，陈喜，夏军，等.2011.气候变化下乌江流域蒸散发互补关系变化及成因辨识.河海大学学报（自然科学版），39（6）：629-634.

赵中秋，后立胜，蔡运龙.2006.西南喀斯特地区土壤退化过程与机理探讨.地学前缘，13（3）：185-189.

郑伟，王中美.2016.贵州喀斯特地区降雨强度对土壤侵蚀特征的影响.水土保持研究，23（6）：333-339.

Braat L. 2009. Further developing assumptions on monetary valuation of biodiversity Cost of Policy Inaction（COPI）. European Commission project-final report. London ／ Brussels：Institute for European Environmental Policy（IEEP）：83.

Bai X, Zhang X, Long Y, et al. 2013. Use of ^{137}Cs and ^{210}Pb ex measurements on deposits in a karst depression to study the erosional response of a small karst catchment in Southwest China to land-use change. Hydrological Processes, 27 (6): 822-829.

Bennett E, Peterson G D, Gordon L J. 2009. Understanding relationships among multiple ecosystem services. Ecology Letters, 12: 1-11.

Burkhard B, Kroll F, Nedkov S, et al. 2012. Mapping ecosystem service supply, demand and budgets. Ecological Indicators, 21: 17-29.

Chen H S, Liu J, Zhang W, et al. 2012. Soil hydraulic properties on the steep Karst hillslopes in northwest Guangxi, China. Environmental Earth Sciences, 66 (1): 371-379.

Chen H S, Wei Z, Wang K L, et al. 2010. Soil moisture dynamics under different land uses on Karst hillslope in northwest Guangxi, China. Environmental Earth Sciences, 61 (1): 1105-1111.

Chen W, Zhu D, Liu H, et al. 2009. Land-air interaction over Arid/Semi-arid areas in China and its impact on the East Asian Summer Monsoon. Part I: Calibration of the Land Surface Model (BATS) using multicriteria methods. Advances in Atmospheric Sciences, 26 (6): 1088-1098.

Dai Q, Peng X, Yang Z, et al. 2017. Runoff and erosion processes on bare slopes in the Karst Rocky Desertification Area. Catena, 152: 218-226.

Dai S P, Zhang B, Wang H J, et al. 2011. Vegetation cover change and the driving factors over northwest China. Journal of Arid Land, 3 (1): 25-33.

Daily G E. 1997. Introduction: what are ecosystem services//Dailey G E. Nature's Services- Societal Dependence on Natural Ecosystems. Washington: Island Press.

Eastman J R, Sangermano F, Machado E A, et al. 2013. Global trends in seasonality of normalized difference vegetation index (NDVI), 1982–2011. Remote Sensing, 5 (10): 4799-4818.

Feng T, Chen H S, Polyakov V O, et al. 2016. Soil erosion rates in two karst peak-cluster depression basins of northwest Guangxi, China: Comparison of the RUSLE model with 137Cs measurements. Geomorphology, 253: 217-224.

Fu T, Chen H, Wang K. 2016. Structure and water storage capacity of a small karst aquifer based on stream discharge in southwest China. Journal of Hydrology, 534: 50-62.

Future Earth Transition Team. 2013. Future Earth initial design report. http://www.futureearth.org/media.

Grinnell J. 1917. The niche relationships of the California thrasher. Auk, 34 (4): 427-433.

Hu Z H, Xu Z F, Zhou N F, et al. 2014. Evaluation of the WRF model with different land surface schemes: a drought event simulation in Southwest China during 2009–10. Atmospheric and Oceanic Science Letters, 7 (2): 168-173.

IPCC. 2014. Climate Change 2014: Impacts, Adaptation and Vulnerability. Cambridge: Cambridge University Press.

Lester S E, Costello C, Halpern B S, et al. 2013. Evaluating tradeoffs among ecosystem services to inform marine spatial planning. Marine Policy, 38: 80-89.

Li C, Xiong K N, Wu G M. 2013. Process of biodiversity research of karst areas in China. Acta Ecologica Sinica, 33 (4): 192-200.

Liu Y, Li Y, Li S, et al. 2015. Spatial and temporal patterns of global NDVI trends: correlations with climate and human factors. Remote Sensing, 7 (10): 13233-13250.

McDowell N G, White S, Pockman W T. 2008. Transpiration and stomatal conductance across a steep climate gradient in the southern rocky mountains. Ecohydrology, 1: 193-204.

Millennium Ecosystem Assessment. 2005. Ecosystems and Human Well- Being: Current State and Trends. Washington: Island Press.

Park H S, Sohn B J. 2010. Recent trends in changes of vegetation over East Asia coupled with temperature and rainfall variations. Journal of Geophysical Research, 115 (D14): 1307-1314.

Peng T, Wang S J. 2012. Effects of land use, land cover and rainfall regimes on the surface runoff and soil loss on karst slopes in southwest China. Catena, 90: 53-62.

Rodríguez J P, Beard J T D, Bennett E M, et al. 2006. Trade- offs across space, time, and ecosystem services. Ecology and Society, 11 (1): 28.

Schwinning S. 2010. The ecohydrology of roots in rocks. Ecohydrology, 3 (3): 238-245.

Sutherland W J, Armstrong-Brown S, Armsworth P R, et al. 2006. The identification of 100 ecological questions of high policy relevance in the UK. Journal of Applied Ecology, 43 (4): 617-627.

Tallis H M, Kareiva P, Marvier M, et al. 2008. An ecosystem services framework to support both practical conservation and economic development. PNAS, 105: 9457-9464.

Zeng C, Wang S, Bai X, et al. 2017. Soil erosion evolution and spatial correlation analysis in a typical karst geomorphology using RUSLE with GIS. Solid Earth, 8 (4): 1-26.

Zeng X M, Wang N, Wang Y, et al. 2015. WRF- simulated sensitivity to land surface schemes in short and medium ranges for a high-temperature event in East China: A comparative study. Journal of Advances in Modeling Earth Systems, 7 (3): 1305-1325.

Zhang M Y, Wang K L, Chen H S, et al. 2010. Impacts of land use and land cover changes upon organic productivity values in Karst ecosystems: a case study of northwest Guangxi, China. Frontiers of Earth Science in China, 4 (1): 3-13.

Zhou N Q, Zhao S. 2013. Urbanization process and induced environmental geological hazards in China. General Information, 67 (2): 797-810.

Zhu S, Liu C. 2008. Stable carbon isotopic composition of soil organic matter in the Karst areas of Southwest China. Chinese Journal of Geochemistry, 27 (2): 171-177.

第2章 | 喀斯特地区土地利用/覆被时空变异特征

绿色覆被是陆地表层系统的主要组成部分，对维系人类生存环境和自然生态系统具有重要作用（李双成等，2008）。NDVI 是地表绿色植被的重要指示因子，是根据植被反射波段的特性计算出来的，可反映植被覆盖、生长、种类及其生物量等状况（Xiao and Moody，2004；Maselli and Chiesi，2006），是一个研究土地覆被和土地利用变化极其有用的指数（李克让等，2000）。在区域尺度上，NDVI 具有高度的时间动态性和空间异质性，同时由于影响因子的时空渐变性，地表植被覆盖也往往表现出显著的时间和空间自相关性（李晓兵和史培军，1999；Tucker et al.，2001；张镱锂等，2007；张雪艳等，2009）。另外，从景观尺度来说，大量研究证实，土地利用的景观格局指数及其空间变异特征具有尺度依存性，因此有必要在连续的尺度序列上对其加以考察和探讨（李双成和蔡运龙，2005），以把握尺度间的"连通性"，明确其分析尺度（scale of analysis），更好地揭示区域土地利用的空间格局，并分析其多尺度空间变异特征，进而可为自然资源保护、区域土地利用管理及区域景观规划和建设等提供科学依据。

2.1 西南喀斯特地区自然地理特征

西南喀斯特地区地处 101°73′~112°44′E、21°26′~29°25′N，属于亚热带/热带季风气候区，是我国碳酸盐岩层分布最集中的区域。研究区域总面积接近 5.5×10^{5}km^2，包括广西壮族自治区、贵州省及云南省东部。西南喀斯特地区独特的气候和地质地貌过程在很大程度上控制着其土壤发育和植被分布，从而形成了较脆弱的喀斯特生态系统。该区山地分布广泛，使得喀斯特地区温度和降水量的空间格局呈现明显差异，年降水量为 900mm 左右（刘建刚等，2011）。

2.1.1 地貌

西南喀斯特地区的主体部分位于云贵高原东部，其东侧属于地势较低的长江中游山地丘陵和东南沿海山地平原，总体地势表现为西高东低（刘丛强，2009）。

该地区一些山脉的分布格局使得地形较复杂，如四川盆地和贵州高原被北部的大娄山隔开，西部的乌蒙山贯穿滇东高原，南部地区的大瑶山等也使广西形成盆地地貌。

西南喀斯特地区地貌形态复杂、种类繁多，该地区喀斯特山地、峰丛、峰林、溶蚀丘陵、洼地等形态广泛发育。云贵高原以溶丘洼地和溶丘谷地为主，在大流域的分水岭及次一级河流的姑婆地带，规模宏大的洞穴系统较多。其中，贵州高原的喀斯特分布呈若干条带状，滇东高原以石芽、溶沟、地下河、盲谷、漏斗、石林等为主。广西盆地以峰林-谷地、孤峰-平原为主。西北部到中部地形形态呈有规律的变化：峰顶高度依次降低，山峰密度逐渐变稀。山间的密闭洼地高程逐渐下降，洼地规模明显增大（卢耀如，1986）。

2.1.2　气候

西南喀斯特地区属于亚热带/热带季风气候区，而且该地区面积广阔，地形地貌特征复杂，在东亚季风、印度洋季风和青藏高原季风的影响下形成三大季风过渡区的气候特点，而且部分地区垂直气候特征明显，气候类型多样。四川盆地、贵州大部及云南省东北部冬季多阴沉天气，相对湿度较高，夏季高温多雨。云南省大部、四川凉山、攀枝花及甘孜藏族自治州南部冬季盛行干暖的西风南支气流，天气晴朗干燥，夏季主导风向为西南季风，水汽丰沛（赵汝植，1997）。

桂西南区：包括广西北回归线以南及附近的南宁和百色地区。地处南亚热带，海拔为 $100 \sim 200m$，年均温为 $21 \sim 22℃$，年降水量为 $1100 \sim 1200mm$，年日照时数为 $1600 \sim 1800h$。滇东南—桂西区：包括云南文山壮族苗族自治州、红河哈尼族彝族自治州和广西的靖西市、德保县、那坡县等地的石灰岩山地、高原，以南亚热带气候为主。低海拔地区年均温为 $20 \sim 24℃$，年降水量为 $1200 \sim 1500mm$，年日照时数为 $1500 \sim 2000h$。桂中—桂东北区：包括柳州市、桂林市及河池市的一部分，以南亚热带气候为主。台地海拔小于 $200m$，年均温为 $20 \sim 21℃$，年降水量为 $1200 \sim 1500mm$，年日照时数为 $1500 \sim 1800h$。桂西北—黔南区：包括河池市大部及百色市的一部分，贵州的黔南布依族苗族自治州、黔西南布依族苗族自治州沿红水河及南盘江的河谷地带，为贵州高原向广西盆地过渡的斜坡地带。年均温为 $20 \sim 21℃$，年降水量为 $1300 \sim 1400mm$，年日照时数为 $1400 \sim 1600h$，$\geq 10℃$ 积温为 $5500 \sim 6500℃$。黔中区：包括贵阳市、安顺市、遵义市、黔南布依族苗族自治州、黔西南布依族苗族自治州和毕节地区的一部分。海拔为 $1000 \sim 1500m$，本区为中亚热带气候，$\geq 10℃$ 积温为 $4000 \sim 6000℃$，年降水量为 $1000 \sim 1500mm$，年日照时数少，阴雨多雾。滇东—黔西区：云南东部的广大地区和贵州西部的部分地区。乌蒙山呈北北东向横贯黔西高原,系乌江和金沙江的分水岭,海拔为 2400~2500m。滇东高原面向南递降,由海拔 2000m 左右降至 1100m。贵州威宁彝族回族苗族自治县向东海拔也逐渐降低。气候垂直差异较大,海拔 2400m 以上地区,气温低,霜期长;海拔介于 1400~2400m 的地区,≥10℃积温为 3000~5000℃;海拔在 1400m 以下的地区,≥10℃积温可达 6000℃以上(刘丛强,2009)。

2.1.3 土壤

西南喀斯特地区的成土条件和成土过程复杂,土壤属性差异较大,所以土壤资源丰富、类型繁多。西南喀斯特地区的中心贵州省,主要分布着黄壤、石灰土、水稻土、红壤、粗骨土、紫色土、棕壤、山地草甸土及其他土壤。其中黄壤比例最大,占全省的 46.51%;石灰土比例次之,占 17.55%。石灰土是碳酸盐岩风化物发育而成的土壤,土壤呈中性至微碱性反应,通常有石灰反应,其盐基饱和度通常大于 90%。石灰土通常质地比较黏重,多为轻黏土至中黏土,物理性黏粒含量达 60% 以上,但由于符合腐殖酸钙,可形成良好的团粒结构,土体通透性较好。土壤层厚度一般只有 30~50cm。西南喀斯特地区分布面积最广泛的地带性土壤为黄壤,发育于亚热带湿润的生物气候条件。黄壤表层有机质及养分的富集量较大,全剖面呈酸性至强酸性反应,pH 为 4.5~5.5,交换性酸含量较高,盐基饱和度低于 50%。大部分黄壤比较黏重板结。未开垦的黄壤有机质含量较高。红壤是我国西南喀斯特地区较为典型的地带性土壤,主要发育于南亚热带常绿阔叶林气候区,红壤的土壤深厚,全剖面呈酸性反应,pH 为 4.5~6.0,盐基饱和度多低于 50%。

由海洋性季风和大气环流的影响程度不一而导致的热量和雨量的区域性差异,使得土壤呈现明显的纬度地带性和经度地带性分布。此外,该区的纬度地带性和经度地带性土壤的分布在大范围内均与垂直地带性相互叠加,表现为"双重性"的特点。西南喀斯特地区除广域性的水平分布和垂直地带性分布外,还有山地垂直地带性分布。山地土壤的分布遵循垂直地带性规律,生物气候条件的变化形成了一系列土壤垂直地带谱。在发生特性和利用方面,山地土壤与相应的水平地带性土壤均存在差异。

土壤分布除受生物、气候等地带性因素制约外,还受地形、母质等因素分异的影响,表现出一定的区域性规律。由于母质、地形等地方性成土的影响,同一土壤带内的土壤发生相应的变异,呈现出地带性与非地带性土壤镶嵌分布的格局。

2.1.4 植被

喀斯特植被类型较为复杂，根据该区1：100万植被类型图的一级分类，共有6种植被类型，包括阔叶林、针叶林、灌丛、草地、草甸及栽培植被（图2-1）。喀斯特生境中分布最广泛的是喀斯特灌丛，主要分布在喀斯特地区的中部。喀斯特灌丛主要分为常绿灌丛、常绿落叶藤刺灌丛、落叶灌丛和肉质多浆灌丛。草甸面积较小，主要集中在云南省的东北一小部分地区。然而，由于喀斯特环境极为脆弱，植被易发生变化。在人为活动的影响下，植被特征变化加快。人类活动的加剧，导致喀斯特地区石漠化日趋严重，植被群落种类组成发生较大变化。

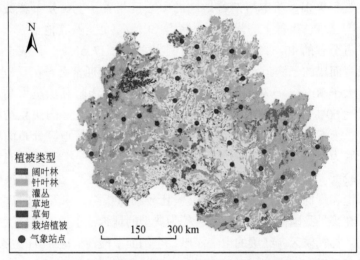

图2-1　中国西南喀斯特地区植被类型及气象站点分布

西南喀斯特地区地质条件特殊，生境复杂，土壤水分、养分具有高度的空间异质性，这使得喀斯特植被种类、群落结构、功能和动态等方面存在明显的差异，形成了丰富的生物多样性。植被的生物多样性与植被类型有关，不同的植被类型生物多样性差异很大。生物多样性指数值、均匀度及生态优势度，可以表征植被的生物多样性。生物多样性指数值高、均匀度高及生态优势度低表明该地区的植物具有丰富的生物多样性，反之则生物多样性低。例如，茂兰国家级自然保护区的常绿落叶阔叶混交林的生物多样性指数为4.89，而黔中次生乔林群落乔灌过渡群落、灌木和藤刺灌丛群落、稀疏草坡群落、草坡群落和稀疏灌草丛群落的生物多样性指数分别为2.15、3.78、3.51、3.40和3.72；茂兰自然保护区的常绿落叶阔叶混交林的均匀度为0.84，而黔中次生乔林群落乔灌过渡群落、灌木和藤刺灌丛群落、稀疏草坡群落、草坡群落和稀疏灌草丛群落的均匀度分别为 0.47、0.67、0.62、0.65 和 0.74（朱守谦和魏鲁明，1995；王德炉等，2003）。

2.2 研究数据和方法

2.2.1 研究数据

NDVI 数据可以精确地反映植被覆盖状况、生长态势、生物量及光合作用强度（Sellers et al., 1995；Fang et al., 2001）。针对喀斯特宏观分布区的植被覆盖时空变异性分析，选择第 3 代由全球监测与模型研究组（Global Inventory Monitoring and Modeling studies）生产的 NDVI 数据为研究对象，时间序列为 1982~2013 年，空间分辨率为 8km，时间分辨率为 15 天（Tucker et al., 2005）。由于 GIMMS NDVI 数据集的时间序列最长且质量高，常被用来分析区域到全球尺度上植被活动的变化趋势（Wang et al., 2008；Mao et al., 2012；Li et al., 2014）。针对以贵州省为研究范围开展的多尺度空间异质性分析中，因考虑到数据精度要求更高，采用 1km 分辨率的 SPOT NDVI 数据。生长季可以较好地反映植被生长状况（Piao et al., 2006；陈怀亮，2007），因此本研究中选择 4~10 月的生长季 NDVI。采用最大值合成（maximum value composite, MVC）法（Holben, 2007）获得月值，然后求 4~10 月的平均值作为该年份生长季 NDVI 的结果。MVC 法的优点是可以减少大气云层、阴影、太阳天顶角、气溶胶等对 NDVI 值的影响（Piao et al., 2011）。

2.2.2 研究方法

(1) 趋势分析

NDVI 及气象要素的多年变化趋势可采用基于栅格的一元线性回归法，其斜率即为变化趋势。本研究中借助斜率计算公式，基于 ArcGIS 10.1 中的栅格计算器（Raster Calculator）来计算 1982~2013 年的变化趋势。趋势计算公式为

$$\theta_{slope} = \frac{n \times \sum_{i=1}^{n} i \times NDVI_i - \sum_{i=1}^{n} i \sum_{i=1}^{n} NDVI_i}{n \times \sum_{i=1}^{n} i^2 - \left(\sum_{i=1}^{n} i\right)^2} \quad (2-1)$$

式中，n 为监测年份的数字序列，1，2，…，32；$NDVI_i$ 为各年份生长季 NDVI 的值；θ_{slope} 为一元线性回归方程的斜率，它代表着该时段内 NDVI 的变化趋势，如

果 $\theta_{slope} > 0$，则 1982~2013 年生长季 NDVI 呈现上升趋势；反之，呈现下降趋势。

（2）Mann-Kendall 检验

Mann-Kendall 检验是一种非参数统计检验方法，基于秩来评估时间序列数据的趋势。与其他方法相比，Mann-Kendall 检验不需要样本遵从一定的分布，也不受少数异常值的干扰（Lanzante，1996），计算简便。在经过一系列的改善后，形成了目前的这个计算方法（魏凤英，1999）。计算方法如下：

首先对具有 n 个样本量的时间序列 x，构造一个秩序列 (S_k)：

$$S_k = \sum_{i=1}^{k} r_i (k = 2, 3, \cdots, n) \tag{2-2}$$

k 为数据集的长度，此处为年。其中，

$$r_i = \begin{cases} 1 & x_i > x_j \\ 0 & x_i \leqslant x_j \end{cases} \quad (j = 1, 2, \cdots, i) \tag{2-3}$$

在时间序列随机独立的假定下，定义统计量 Z：

$$Z_k = \frac{[S_k - E(S_k)]}{\sqrt{\mathrm{Var}(S_k)}} \quad (k = 1, 2, \cdots, n) \tag{2-4}$$

其中 $Z_1 = 0$，$E(S_k)$ 和 $\mathrm{Var}(S_k)$ 是累计数 S_k 的均值和方差，x_1，x_2，$\cdots$，x_n 相互独立，且有相同连续分布时，可利用下式计算：

$$E(S_k) = \frac{n(n-1)}{4} \tag{2-5}$$

$$\mathrm{Var}(S_k) = \frac{n(n-1)(2n+5)}{72} \tag{2-6}$$

Z_k 的值大于 0，说明此时间序列的数据呈上升趋势；反之，呈下降趋势。比较 Z_k 和 Z_α（α 置信水平，本研究中 $\alpha = 0.05$），如果 $|Z_k| > Z_\alpha$（$Z_{0.05} = 1.96$），这说明该时间序列呈显著变化趋势。

趋势分析和显著性检验也应用于分析气象数据的变化规律，此方法可以采用 ArcGIS 软件中的栅格计算器计算，或者通过 MATLAB 编写程序实现。

（3）地统计学

地统计学以区域化变量理论为基础，以半变异函数为主要工具，揭示变量的空间异质性及变异尺度，研究在空间分布上既有随机性又有结构性（王政权，1999）。半变异函数定义为

$$\gamma(h) = \frac{1}{2N(h)} \sum_{i=1}^{N(h)} [Z(x_i) - Z(x_{i+h})]^2 \tag{2-7}$$

式中，h 为两样本点的空间分隔距离；i 为空间位置的样本对数 [1，2，$\cdots$，$N(h)$]；$Z(x_i)$ 与 $Z(x_{i+h})$ 分别为区域化变量 $Z(x)$ 在空间位置 x_i 和 x_{i+h} 上的值。

块金值 C_0、基台值 C_0+C、变程（range）、块金值与基台值之比 $C_0/(C_0+C)$ 及决定系数等参数可定量地分析空间变异性程度。块金值 C_0 反映了区域化变量 $Z(x)$ 内部随机性（尺度效应、测量误差等）的可能程度。其来源于两个方面：一是区域化变量小于抽样尺度时存在的内在变异，二是抽样分析的误差。C 表示由气候、地形等结构性因素引起的空间异质性。C_0+C 表示区域化变量的最大变异，基台值越大，空间差异性越大。块金值与基台值之比 $C_0/(C_0+C)$ 反映了随机因素引起的空间异质性占总空间异质性的比例；$C/(C_0+C)$ 则反映了结构因素对总空间异质性的影响程度（王政权，1999），结构性因素引起的空间变异性越大，空间自相关性越明显。

（4）景观破碎化指数

本研究采用有效粒度尺寸（effective mesh size）来度量景观破碎化程度（Jaeger，2000），该指标融入了生态过程、景观组成与空间格局信息，可更综合客观地表征破碎化程度（高江波和蔡运龙，2010）。有效粒度尺寸表现为景观中各土地利用类型连续分布面积的平均值，该值越小，景观破碎化程度越低。其计算公式为

$$m_{\text{eff}}(j) = A_j \sum_{i=1}^{n} \left(\frac{A_{ij}}{A_j} \right)^2 = \frac{1}{A_j} \sum_{i=1}^{n} A_{ij}^2 \tag{2-8}$$

式中，$m_{\text{eff}}(j)$ 为景观 j 的有效粒度尺寸；n 为景观 j 中非破碎块的数量；A_{ij} 为景观 j 中斑块 i 的面积大小；A_j 为景观 j 的面积大小。该指数值的变化范围是：最小值为栅格大小，相邻栅格间的类型均不同；最大值为景观面积，该景观具有唯一的类型。本研究借助景观格局分析软件 Fragstats 中的"滑窗"（研究幅度）计算有效粒度尺寸。

（5）景观破碎化多尺度研究的技术方案

幅度和粒度分别指空间维度的大小和度量指标的精确程度（Verburg and Chen，2000）。对它们的选择决定了生态过程、结构和功能的尺度缩小与放大。本研究从两个角度探讨尺度对植被覆盖空间异质性的影响。首先，利用 ArcGIS 9.3 的 Hawth's Analysis Tools 生成随机点。其次，一方面借助 ArcGIS 9.3 中的 ArcToolbox 对 1km 分辨率的 SPOT NDVI 数据取其平均值以重采样成 2~15km 分辨率（1km 间隔）的数据；另一方面借助 Spatial Analyst 对 1km NDVI 进行平均值邻域统计（neighborhood statistics），相应地，邻域分别设成边长为 2~15km（1km 间隔）的正方形，邻域统计结果仍为 1km 分辨率的栅格（图 2-2）。进而，将重采样和邻域统计结果栅格数值赋予随机点，并利用 ArcGIS 9.3 地统计学模块和 GS+7.0 软件计算多尺度序列上 NDVI 的空间变异特征值。

上述两种重采样方法的不同之处在于（图 2-2）：第一种重采样方法改变了原始数据的粒度，其所生成的新栅格之间，取平均值的过程是非交叠的（nonoverlapping），它通过对数据的平滑显著地减小了栅格之间的数值差异；第二种重采样方法属于交叠式（overlapping）重采样方法，即相邻栅格的邻域在空间上有一定程度的重叠，此方法并未改变原始数据的粒度（即分辨率），但通过邻域的变化实现了对幅度的改变。通过对比两种重采样方法在多尺度上的地统计学结果，既可以考察和研究空间变异特征值的尺度依存性，以确定操作尺度（operational scale），又可以对比两种重采样方法对结果的影响。此外，为揭示植被覆盖空间变异值对卫星传感器的敏感性，本研究还比较了 SPOT NDVI 和 GIMMS NDVI 的地统计学特征。

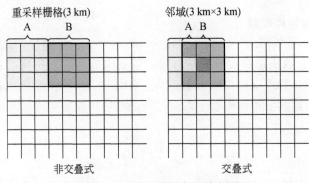

图 2-2　两种重采样方法示意图

2.3　喀斯特地区 1982～2013 年植被覆盖的时空变化特征

2.3.1　1982～2013 年平均生长季 NDVI 年际变化趋势

借助 MATLAB 及 ArcGIS 软件对 GIMMS NDVI 原始数据进行格式处理及初步计算，运用线性回归趋势分析、Mann-Kendall 检验分析 NDVI 的变化趋势及空间分布格局。图 2-3 为西南喀斯特地区生长季 NDVI 的年际变化，在 1982～2013 年该区生长季 NDVI 以 0.0015/a 的速率显著上升（$r=0.64$，$p=0.0001$）。多年生长季 NDVI 的变异系数为 3.2%，NDVI 最高值出现在 2009 年。从多年 NDVI 距平值的结果来看，在 1994 年前 NDVI 距平值多为负值，而后多为正值。根据资料和文献记载，以 1994 年为分界点，中国过去百年温度序列的 NDVI 距平值由负水平逐渐变为正水平，这与生长季 NDVI 在 1994 年附近的变化较一致；而且在 1985～1993 年，西南地区发生了严重的干旱事件，持续时间长，频率高。此外，

Mann-Kendall 检验结果表明，全时段生长季 NDVI 的 Z 值几乎都大于零，特别是从 2004 年开始，呈现显著上升趋势（Z 值 >1.96）。

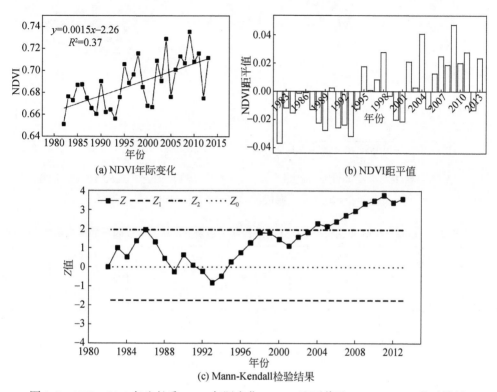

(a) NDVI年际变化

(b) NDVI距平值

(c) Mann-Kendall检验结果

图 2-3　1982～2013 年生长季 NDVI 年际变化、NDVI 距平值及 Mann-Kendall 检验结果
$\alpha = 0.05$，$Z_1 = -1.96$，$Z_2 = 1.96$，$Z_0 = 0$

此外，根据 1:100 万植被类型图，本研究对 6 种植被类型的生长季 NDVI 年际变化进行了分析，分别为阔叶林、针叶林、灌丛、草地、草甸和栽培植被。图 2-4 展示了 4 种主要植被的生长季 NDVI 的年际变化，可以看出几种植被类型的 NDVI 均呈现上升趋势，针叶林的上升速率最大，为 0.0016/a（$r = 0.64$，$p = 0.0001$），草甸最低（0.0008/a；$r = 0.23$，$p = 0.1$）。6 种植被类型的生长季 NDVI 的波动范围也有差异（表 2-1），阔叶林的 NDVI 的波动范围为 0.7～0.8，草甸为 0.5～0.65。对不同植被类型的 NDVI 的年际变化进行 Mann-Kendall 检验，结果表明栽培植被生长季 NDVI 自 1998 年起呈现显著上升趋势，其他几种植被类型的生长季 NDVI 在 2005 年前后显著上升，而草甸 NDVI 的变化趋势不稳定。

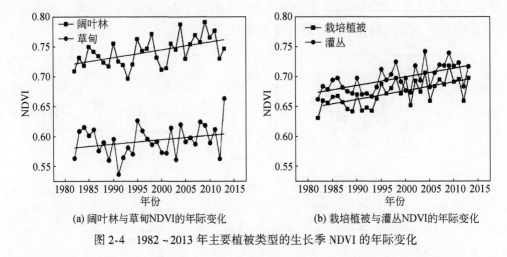

(a) 阔叶林与草甸NDVI的年际变化   (b) 栽培植被与灌丛NDVI的年际变化

图 2-4   1982～2013 年主要植被类型的生长季 NDVI 的年际变化

表 2-1   1982～2013 年生长季 NDVI 的统计特征值及 NDVI 与气候因子的相关系数

植被类型	生长季 NDVI			NDVI 变化率	相关系数	
	均值	最大值	最小值		温度	降水
阔叶林	0.7412	0.8501	0.5056	0.0013	0.315**	0.173**
灌丛	0.6952	0.8369	0.4866	0.0015	0.149**	0.130**
草地	0.6946	0.8405	0.4126	0.0013	0.493**	0.289**
针叶林	0.6871	0.8270	0.3932	0.0016	0.252**	0.063
栽培植被	0.6706	0.8398	0.3576	0.0015	0.374**	0.182**
草甸	0.5910	0.7319	0.4741	0.0008	0.412**	-0.109

** 表示在 0.01 显著性水平下显著

2.3.2   1982～2013 年平均生长季 NDVI 空间格局

如图 2-5 所示,多年平均生长季 NDVI 的空间分布具有明显的空间异质性,呈现出东高西低的分布格局,生长季 NDVI 的变化范围为 0.32～0.85。NDVI 相对较低的部分主要分布在云南省的东部地区,即为研究区的西部。在广西壮族自治区,NDVI 大部分都高于 0.6,说明该区的植被覆盖程度较好。1982～2013 年生长季 NDVI 的变化速率呈现东南向西北逐渐减小的整体趋势,具体来看,整个区域主要为 NDVI 上升趋势,特别是在广西壮族自治区和贵州省的东部、北部地区。

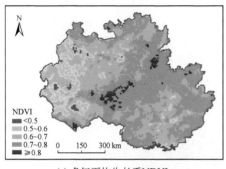
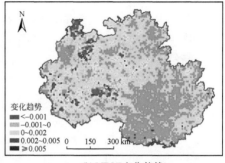

(a) 多年平均生长季NDVI   (b) NDVI变化趋势

图 2-5   多年平均生长季 NDVI 及 NDVI 变化趋势的空间分布格局

总之，喀斯特地区的生长季 NDVI 在 1982 ~ 2013 年呈现显著上升趋势，变化速率为 0.015/10a（$r = 0.64$，$p = 0.0001$），特别是从 2004 年开始，呈现显著上升趋势（Z 值 >1.96）。其中，针叶林的变化速率最快，为 0.016/10a。空间上，多年生长季 NDVI 均值呈现显著的空间异质性，NDVI 西部较低，东部较高。

2.4   贵州喀斯特高原植被覆盖的多尺度空间变异性

由于植被覆盖空间分布具有尺度依存性，选择适当的分析尺度至关重要。本节以贵州喀斯特高原为例，借助地统计学和 GIS 软件，揭示了研究区 NDVI 的空间变异特征，并进行了空间变异与空间尺度的耦合研究。

2.4.1   研究区概况

贵州喀斯特高原地处云贵高原东部（图 2-6），属于全国地势的第二级阶梯，位于珠江流域和长江流域的分水岭地带，是滇东高原向湘西丘陵过渡的中间地带。东毗湖南、南邻广西、西连云南、北接四川和重庆，地理坐标为 24°37′ ~ 29°13′N，103°36′ ~ 109°35′E，东西长约 595km，南北相距约 509km。全省面积约为 17.62 万 km²，约占全国国土面积的 1.8%，辖 6 个地级市和 3 个自治州，共 88 个县级行政区划单位。

贵州是世界三大喀斯特集中分布区之一的东亚片区中心。在地表和地下碳酸盐类矿物的环境中，在大气二氧化碳参与下，水与岩石之间发生的地球化学过程导致喀斯特地貌出露面积占全省面积的 73%。贵州喀斯特高原是我国乃至世界亚热带锥状喀斯特分布面积最大、发育最强烈的一个高原（熊康宁等，2002）。

喀斯特分布区的生境具有干旱、富钙、缺土和多石等特性，致使植物生长缓慢，植被覆盖状况一般较差。当脆弱的自然本底叠加不合理的人为活动时，就会发生植被退化—土壤侵蚀—贫困—生境进一步恶化的恶性循环，最终导致石漠化土地面积不断扩大，并成为当地严峻的生态环境和社会经济问题，阻碍区域可持续发展。对区域植被覆盖的详细研究可为石漠化治理和生态环境重建提供科学依据。

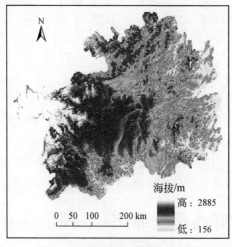

图 2-6　贵州喀斯特高原区位图

2.4.2　植被覆盖空间变异特征的尺度依存性

首先借助 SPSS 软件对所有尺度上的变量应用 Kolomogorov-Smirnov（K-S）法进行正态性检验，结果表明变量均服从正态分布（检验概率 PK-S>0.05），适于地统计学分析。图 2-7 显示在多尺度上的计算结果及其变化趋势。其中，对于第一种重采样方法（图中称为非交叠式），横坐标代表重采样后的数据粒度或分辨率；对第二种重采样方法（图中称为交叠式），横坐标代表邻域统计时所采用的邻域范围。纵坐标代表 4 个地统计学空间特征变量。

随着空间尺度的增加，两种重采样方法的平滑作用均有增强，表现为块金值与基台值的比值及分形维数持续降低 [图 2-7（a），图 2-7（b）]，随机因素所占比例减少，结构性变异增强，数据空间序列复杂性降低。与之对应的是，数据粗糙度的增加导致了其空间自相关系数的升高 [图 2-7（c）]，而空间自相关距离总体上呈现随尺度的增加而减少的趋势 [图 2-7（d）]，这说明数据粗糙化在增强一定距离内空间自相关性的同时，也降低了远距离栅格间的空间自相关性。此外，从图 2-7 来看，除非交叠式空间自相关距离外，大部分变化趋势都是线性的，说明平滑作用导致植被覆盖空间变异特征的变化非常剧烈，仅有交叠式重采样方法的块金值/基台值表现出一定的拐点特征，在 7~8km（即 7km×7km、8km×8km 的邻域）的尺度上开始变得平稳，表明该特征尺度（characteristic scale）反映了植被覆盖空间变异特征的内在尺度（intrinsic scale）。因此，考虑到在本研究还要比较 SPOT NDVI 与 GIMMS NDVI 的空间变异特征，选择 8km 作为揭示该区植被覆盖全局性和各向异性空间变异特征的分析尺度，进而可对该尺度上计算的空间变异特征值进行详细剖析。非交叠式和交叠式重采样数据分形维数在南—北、东北—西南、东—西、东南—西北 4 个方向上随尺度变化的曲线同样说明，虽然不同方向之间在细节上表现出一定程度的差异性，但各方向均表现出随尺度增加分形维数减少的总体趋势，且线性趋势都非常明显。

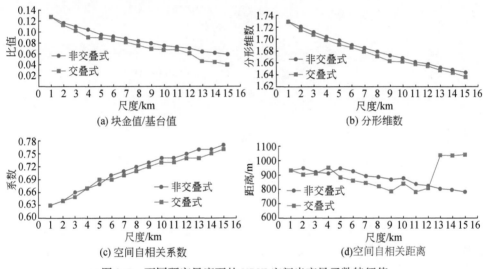

图 2-7　不同研究尺度下的 NDVI 空间半变异函数特征值

2.4.3　植被覆盖全局性空间变异特征

（1）空间格局与统计特征

图 2-8 为 SPOT NDVI 和 GIMMS NDVI 的空间分布格局，高值代表植被覆盖状况较好，低值代表植被覆盖较差。可以看出，两种重采样方法所获得的 SPOT NDVI 空间格局非常相似，但与 GIMMS NDVI 空间格局差异明显；图 2-8 的 3 幅图均显示出高值区与低值区分布错杂，同时又存在显著的区域分异。具体表现为，对两幅 SPOT NDVI 空间分布图而言，研究区东南部林地是高值集中分布区，而西北部、西南部和东北部喀斯特石漠化发生地区普遍分布着低值；在 GIMMS

NDVI 空间分布格局图中，高值主要分布于北部和东南部，低值主要分布于西南部和东北部。

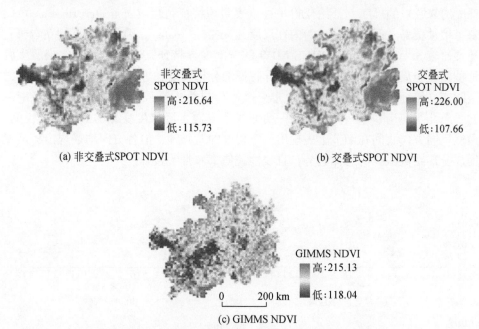

(a) 非交叠式SPOT NDVI

(b) 交叠式SPOT NDVI

(c) GIMMS NDVI

图 2-8　研究区 SPOT NDVI 和 GIMMS NDVI 空间分布格局

非交叠式 SPOT NDVI 栅格尺寸为 8km；交叠式 SPOT NDVI 栅格尺寸为 1km，
邻域范围为 8km×8km；GIMMS NDVI 空间分辨率为 8km

为进一步探索 NDVI 的空间分布特征，本研究分别对图 2-8 所示的 3 组 NDVI 数据序列进行了局部空间聚集分析（local indicators of spatial association，LISA），结果如图 2-9 所示。从图中可看出，显著聚集性的点对大多呈现高值-高值空间聚集类型或低值-低值空间聚集类型。

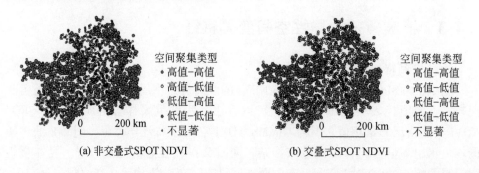

(a) 非交叠式SPOT NDVI

(b) 交叠式SPOT NDVI

空间聚集类型
• 高值-高值
○ 高值-低值
• 低值-高值
• 低值-低值
• 不显著

0   200 km

(c) GIMMS NDVI

图 2-9   NDVI 空间聚集图

本研究采用经典统计方法，基于随机点值计算了 NDVI 的统计特征值。通过表 2-2 可看出，GIMMS 数据在研究区北部显著大于 SPOT 数据，导致其平均值高于 SPOT 数据。在不考虑空间分布的情况下，GIMMS NDVI 数据序列的变异程度最低。事实上，从绝对值来看，3 组 NDVI 数据序列的变异程度均很低，说明在研究区范围内，气候、地形等结构性因素主导了植被覆盖空间分布。两个 SPOT NDVI 数据序列的分布类型为正偏高峡峰，即在直方图中，较正态分布数据而言，大部分数据位偏高，多数区域植被覆盖状况较好。直方图左边的数据分布高耸狭窄且集中于平均数附近，说明贵州喀斯特高原 NDVI 整体偏低，多数区域植被覆盖状况较差。GIMMS NDVI 数据呈负偏高峡峰，与 SPOT 数据的差别在于，相比正态分布数据，其大部分数据位于直方图的右边，NDVI 整体偏高，多数区域植被覆盖状况较好。

表 2-2   SPOT NDVI 和 GIMMS NDVI 的统计特征值

NDVI	最大值	最小值	均值	中值	标准差	变异系数	偏态值	峰度值
非交叠式 SPOT	119.594	216.641	171.983	170.310	15.911	0.093	0.260	2.970
交叠式 SPOT	114.578	215.344	172.205	170.140	16.197	0.094	0.240	3.020
GIMMS	118.042	215.125	176.536	177.000	10.681	0.061	-0.190	3.650

（2） 全局性空间变异特征对比

基于 GS+7.0 和 ArcGIS 9.3 计算的 SPOT NDVI 和 GIMMS NDVI 地统计学特征值可见表 2-3，NDVI 的 3 组数据序列与表 2-2 对应，空间尺度均为 8km。与传统统计学方法的变异系数结果（表 2-2）不同的是，在考虑空间距离和空间位置时，GIMMS NDVI 的块金值/基台值和分形维数最大，空间自相关系数和空间自相关距离最小，说明其随机因素比例高，复杂程度高，空间变异性强，空间自相关性或自相似程度低。表中所有块金值/基台值均低于 0.5%，说明在全区范围内，地形、气候等结构性因素引起的空间变异起主要作用。分形维数结果表明，尽管结构性变异占主导地位，但由于地形复杂、气候多样及人类活动区域差异明显等的影响，各数据序列在研究区内仍具有一定程度的空间异质性。较低的块金值/基台值和分形维数导致 SPOT NDVI 空间自相关性和自相关距离都较大，SPOT NDVI 在 800～900km，GIMMS NDVI 在 200km 左右（212km）。

表 2-3　SPOT NDVI 和 GIMMS NDVI 的半变异函数模型及特征值

NDVI	块金值 C_0	基台值 C_0+C	块金值/基台值	分形维数	Moran's I	变程/m	R^2
非交叠式 SPOT	0.180	2.370	0.076	1.671	0.710	822	0.974
交叠式 SPOT	0.202	2.414	0.084	1.679	0.720	889	0.983
GIMMS	0.366	1.116	0.328	1.859	0.530	212	0.828

结合表 2-3 和图 2-7 可以发现，尽管交叠式重采样数据的块金值/基台值及分形维数均高于非交叠式结果，但其空间自相关系数和变程大于非交叠式重采样方法。这表明两种重采样方法对原始数据的作用机制不同，非交叠式重采样能够更多地降低栅格数值间的复杂程度，而交叠式重采样可以更大程度地增强空间自相似性，同时也说明，不能简单地将数据序列复杂性和空间自相关性视为相反的两个方面。

2.4.4　植被覆盖空间变异特征的各向异性

比较各方向之间基于非交叠式重采样方法的多尺度 NDVI 分形维数计算结果的差异性（图 2-10），可以发现，分形维数在各尺度上均表现为东北—西南>南—北>东南—西北>东—西，而且交叠式重采样方法也呈现相同规律。在多数尺度上，非交叠式重采样数据在东北—西南方向上的分形维数要大于交叠式重采样数据，在东—西和东南—西北方向则表现出相反的规律。与 SPOT NDVI 结果不同的是，GIMMS NDVI 分维数的各向异性表现为（表 2-4）：东南—西北>东北—西南>南—北>东—西。在各个方向上，SPOT NDVI 与 GIMMS NDVI 的比较结果为，GIMMS NDVI 的分形维数始终最大，复杂性最高，这与全局性结果一致。

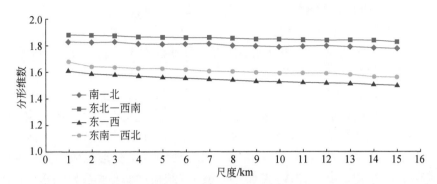

图 2-10　基于非交叠式重采样方法的多尺度 NDVI 分形维数的各向异性

表 2-4　SPOT NDVI 和 GIMMS NDVI 分形维数的各向异性

NDVI	项目	南—北	东北—西南	东—西	东南—西北
非交叠式 SPOT	分形维数	1.799	1.854	1.540	1.605
	R^2	0.325	0.135	0.144	0.199
	标准误差	0.793	0.959	0.953	0.891
交叠式 SPOT	分形维数	1.799	1.850	1.552	1.633
	R^2	0.297	0.143	0.139	0.162
	标准误差	0.821	0.954	0.940	0.927
GIMMS	分形维数	1.877	1.880	1.798	1.938
	R^2	0.487	0.376	0.184	1.260
	标准误差	0.650	0.758	0.923	0.228

借助 ArcGIS 9.3 的叠置功能可知，研究区 NDVI 空间分布特征受如降水量、海拔等环境变量的深刻影响。为进一步证明此结论，本研究计算了 SPOT NDVI 和气候、地形因子的地统计学特征值，各变量的分辨率均为 1km，其中气候数据和地形数据分别由 WorldClim 数据集（Hijmans et al.，2005）和美国地质调查局地球资源观测系统数据中心的 HYDRO1K 数据集（http：//eros.usgs.gov/#/Find _Data/Products_and_Data_ Available/HYDRO1K）提供。WorldClim 数据集包括年均气温、年降水量、各月最高温和最低温，以及由此衍生出的涉及气候年趋势、季节性及一些极端限制条件的 19 个生物气候变量。该数据集是由美国加利福尼亚大学和澳大利亚昆士兰大学采用全球 47 554 次降水、24 542 处平均气温及14 835 处极端温度的观测站数据，通过薄板平滑样条内插得到。研究区年降水量和年均生物温度均表现为西北低、东南高，由西北向东南逐渐增加的特征，这与NDVI 空间分布规律非常一致。全局性空间变异特征的结果显示（表 2-5），NDVI

的块金值/基台值和分形维数大于生物温度、降水量和海拔，小于坡度；NDVI 的空间自相关系数和自相关距离低于降水量和海拔，高于生物温度和坡度。除东—西向外，其余三个方向也都表现出 NDVI 分形维数大于生物温度、降水量和海拔，小于坡度的特征（表2-6）。这说明与结构性特征非常明显的降水量和海拔相比，NDVI 数据序列仍显示出较高程度的空间变异性，表明 NDVI 不仅受到具有显著空间特征的环境变量的影响，还受到具有较高随机性的因素的影响。分形维数的各向异性计算结果还显示，海拔、降水量和 NDVI 表现为南—北向远高于东—西向，生物温度和 NDVI 均表现为东北—西南方向分形维数最大，说明海拔、降水量及生物温度对 NDVI 宏观空间分布与结构性变异具有控制作用，但由于 NDVI 受多种因素的综合影响，这种控制作用同时又表现出各向异性。

表 2-5 NDVI 和环境因子的半变异函数模型及特征值

变量	块金值 C_0	基台值 C_0+C	块金值/ 基台值	分形维数	Moran's I	变程/m	R^2
NDVI	0.298	2.337	0.128	1.729	0.630	934	0.979
生物温度	0.224	2.458	0.091	1.688	0.600	928	0.992
降水量	0.001	3.012	0.000	1.488	0.760	974	0.981
海拔	0.010	4.029	0.002	1.528	0.690	1091	0.876
坡度	0.186	1.039	0.179	1.937	0.210	59	0.359

表 2-6 NDVI 和环境因子分维的各向异性

变量	南—北	东北—西南	东—西	东南—西北
NDVI	1.829	1.882	1.611	1.680
生物温度	1.561	1.757	1.644	1.587
降水量	1.758	1.650	1.353	1.235
海拔	1.827	1.671	1.430	1.527
坡度	1.904	1.930	1.952	1.970

2.5 喀斯特流域景观破碎化的多尺度空间变异

本章节选择位于西南喀斯特地区核心部位的贵州省乌江流域，基于土地利用分类解译结果，探讨景观破碎化的空间格局、变异特征及其尺度依存性，以期对景观的稳定性和人类干扰的程度进行适当的评价。

2.5.1 研究区概况

乌江是长江上游南岸最大的一级支流，同时也是贵州省内流域面积最大的水系，地理坐标为 22°07′~30°22′N、104°18′~109°22′E。它发源于贵州高原西部乌蒙山东麓，自西向东横穿贵州西部、中部和东北部。贵州省内乌江流域河长为 802km，天然落差为 2036m。本研究的流域范围是基于 DEM 自动提取的，与通常所认为的贵州省乌江流域面积略有出入。全区属于亚热带高原季风湿润气候，冬暖夏凉；由于地势的影响，不同地区气温差异较大，大部分地区年均温为 8~22℃；年降水量为 1100~1300mm，季节变化和区域差异明显。地势西高东低，自中间向北、东、南三面倾斜。地带性土壤以黄壤为主，且大多发育在砂页岩和第四纪红色黏土母质上。受亚热带季风气候和复杂的自然环境影响，该区植被具有明显的过渡性及垂直分布规律。该区的地理特性主要表现为：①景观破碎化，流域内除了西北部的赫章县一带以外，大部分地区高低悬殊，地形复杂，地面崎岖破碎；②近现代以来水土流失日益加剧，以石漠化为特征的土地退化日益蔓延。

2.5.2 景观破碎化空间变异特征的尺度依存性

景观指数及其空间特征具有尺度依存性，因此确定景观破碎化的分析尺度是非常关键的，并且是客观地揭示其空间变异特征的基础。一般来说，空间变异性会随尺度的增加而降低，但它们之间的关系是难以确定的。本研究在连续的尺度序列上对区域景观破碎化的空间变异特征值进行考察（图 2-11），并据此确定景观破碎化的分析尺度。

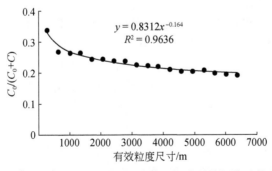

图 2-11　不同研究幅度下的景观破碎化空间变异特征值及其变化趋势

基于 SPSS 15.0 的正态性检验表明所有尺度上的变量均服从正态分布，原始数据适合地统计学分析。各尺度上空间变异特征值如图 2-11 所示，其中，横坐标代表有效粒度尺寸的计算幅度，纵坐标代表地统计学中块金值 C_0 与基台值（C_0+C）的比值，该值越高，空间变异程度越高，该值越小，空间自相关性越明显。结果显示，景观破碎化空间变异程度随幅度的增加而减小，并且与幅度呈现非常明显的幂律关系（$y=0.8312x^{-0.164}$，$R^2=0.9636$）。在整个研究区范围内，景观破碎化的空间变异特征值在 4500m 左右的空间尺度上开始变得平稳，表明该特征尺度（characteristic scale）反映了景观破碎化空间变异特征的内在尺度。因此，考虑到 Fragstats 软件对尺度设置的要求，选择 4590m 作为该区景观破碎化的分析尺度。

2.5.3 景观破碎化的空间变异特征

(1) 景观破碎化指数的空间格局与统计特征

图 2-12 是土地利用类型和 4590m 有效粒度尺寸下的空间结构，高值代表破碎化程度低，景观范围内土地利用方式单一、分布连续，低值代表破碎化程度高，土地利用空间变化剧烈、离散程度高。从图中可看出，高值区与低值区分布错杂，但低值区面积明显大于高值区。借助 ArcGIS 的叠置分析功能可知，大部分土地利用类型交错分布区的破碎化程度较高，土地利用呈现明显的空间离散，而破碎化程度较低的区域大多位于林地集中分布区，其中，破碎化指数在平均值和中值以上的栅格，分别有近 68% 和 66% 位于林地景观。流域东北部山地丘陵区普遍分布着低值区，这主要是由于该区受构造与河流切割的影响，地势起伏很高。流域中部丘原盆地区的东部分布着较多的高值区，这主要是由于该区地势起伏不大，高原丘陵广布，而低值区则是由于位于贵州大斜坡上，相对高差较大，河流切割较深。流域西部高原山地区的高值区主要分布在其南部较平坦的高原面上，而低值区主要分布在其北部切割强烈的山地分布区。经典统计方法计算结果（表 2-7）显示，最大值为"滑窗"大小（4590m × 4590m），此时景观内的土地利用类型是单一的，并且大多位于林地分布区，最小值和均值仅占景观大小的 5.5% 和 36.4%，说明地形及人为影响导致景观范围内土地利用方式的空间离散程度较高。变异系数超过 50%，说明在流域范围内，地形等因素的强烈变化导致了景观破碎化空间差异较大。该数据的分布类型为正偏高峡峰，即在直方图中，较正态分布数据而言，大部分数据位于左边，数据分布高耸狭窄且集中于平均数附近，说明乌江流域地形切割度大，多数区域景观破碎化程度高。

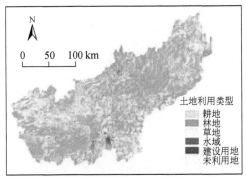
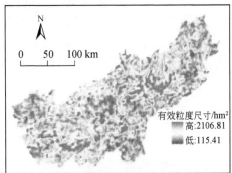

(a) 土地利用类型的空间格局   (b) 景观破碎化指数的空间格局

图 2-12   贵州省乌江流域土地利用类型和景观破碎化指数的空间格局

表 2-7   景观破碎化指数的统计特征值

景观破碎化指标	最大值/hm²	最小值/hm²	均值/hm²	中值/hm²	标准差/hm²	变异系数	偏态值	峰度值
有效粒度尺寸	115.41	2106.81	767.78	689.55	372.68	0.04	0.73	2.86

（2）景观破碎化指数的空间变异特征

各向同性（isotropy）是指在不考虑方向性的前提下，破碎化空间变异在区域范围内的全局特性，各向异性（anisotropy）是指破碎化空间变异随方向的不同而表现出一定的差异性。

由表 2-8 和图 2-13 可知，地形等结构性因素引起的空间变异起主要作用 $[C_0/(C_0+C)=0.232]$，数据序列较复杂（分形维数 = 1.991）。显然，由乌江流域地形地貌特点引起的复杂小气候，以及人类活动的区域差异等，导致了景观破碎化指数在流域范围内复杂性程度较高。景观破碎化呈现明显的空间自相关性（Moran's $I = 0.65$，$p < 0.001$），即距离越近的景观，其土地利用类型的离散或变化程度越相似。空间自相关距离为 33km，在此范围内，景观破碎化具有自相关性，但随距离的增加，自相关程度逐渐降低至 0 附近，此后半变异函数曲线趋于稳定，受随机因素影响，不再具有自相关性。地形、气候及人类因素的影响导致了景观破碎化的空间自相关距离相对较小。局部空间自相关分析显示(图 2-14)，在具有显著聚集性的点对中，大部分高值点周围为高值点（即高值–高值空间聚集类型），大部分低值点周围为低值点（即低值–低值空间聚集类型）。高值–高值类型主要分布于中部偏东和西南部，低值–低值类型主要分布于东北部、西北部及中部。

表 2-8　景观破碎化指数的半变异函数模型及特征值

景观破碎化指标	块金值 C_0	基台值 C_0+C	块金值/基台值/%	分形维数	Moran's I	变程/km	R^2	RRS（残差平方和）	拟合模型
有效粒度尺寸	0.231	0.997	0.232	1.991	0.65	33	0.459	$3.801×10^8$	球型模型

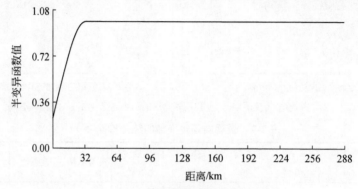

(a) 景观破碎化指数的半变异函数

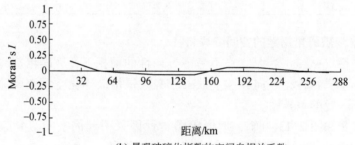

(b) 景观破碎化指数的空间自相关系数

图 2-13　景观破碎化指数的半变异函数及空间自相关系数的变化曲线

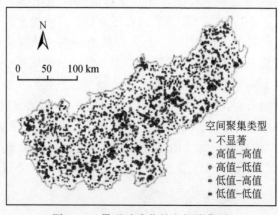

图 2-14　景观破碎化的空间聚集图

进一步研究破碎化空间变异的各向异性对科学、合理利用区域土地资源具有重要意义。本研究分别计算了南—北、东—西、东北—西南和东南—西北方向上景观破碎化的分形维数并绘制及空间自相关系数变化曲线（表2-9，图2-15）。由结果可知，景观破碎化空间变异在不同空间方向上呈现出差异性，并表现出与地形的相关性。东北–西南和东–西方向上的分形维数较大，空间自相关距离较短，说明数值空间变异程度较高，空间分布较复杂。这主要是由于在此方向上，随着海拔、地势起伏等地形因素的变化，土地利用类型空间变化的区域差异较大，从而导致景观破碎化程度的空间差异较大（图2-12），如在地势起伏较高的流域东北部山地丘陵区和中部丘原盆地区的西部，土地利用类型变化较强烈，破碎化程度较高，而在较平坦的中部丘原盆地区的东部和流域西部的高原面上，土地利用类型比较单一，破碎化程度较低。在南—北和东南—西北方向上分形维数较小，空间自相关距离较长，说明参数空间变异程度较低，空间自相关程度较高。这主要是因为在地形因素的影响下，除了流域西部山地和高原面的作用导致南北差异较明显外，土地利用类型在此方向上空间变化的区域差异普遍较小，从而导致破碎化程度的空间差异较小（图2-12）。

表2-9　景观破碎化指数不同方向分形维数

方向	分形维数	R^2	标准差
南—北	1.809	0.331	0.973
东—西	1.951	0.652	0.539
东北—西南	1.990	0.020	5.253
东南—西北	1.760	0.429	0.829

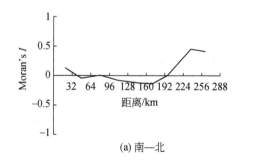

(a) 南—北

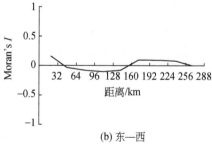

(b) 东—西

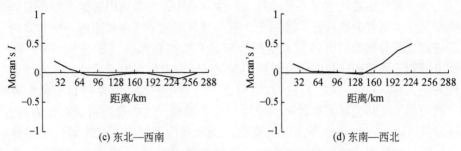

图 2-15　景观破碎化指数在不同方向上的空间自相关系数变化曲线

2.6　小　　结

本章基于多源数据获取，借助 ArcGIS、GS+、GWR、Fragstats 等空间统计和景观格局分析工具，全面探究了喀斯特地区土地利用、景观破碎化及植被覆盖时空变异特征，既从方法论层面推动了相关领域在多尺度方面的研究进展，更是从结构与功能的角度为后续有关生态系统服务的研究提供了必要基础。主要结论如下：

1）30 余年来西南喀斯特地区植被覆盖状况（以生长季 NDVI 表征）呈显著上升趋势，变化速率为 0.0015/a。

2）NDVI 空间变异程度表现出明显的尺度依存性，空间尺度的粗粒化对 NDVI 的平滑作用非常显著，但两种重采样方法对原始数据的粗粒化作用机制不同；基于不同遥感数据源获得的 NDVI 数据之间空间格局差异明显，而且传统统计结果与地统计学结果明显不同，说明空间信息对数据间的差异性统计影响显著；NDVI 空间变异性呈现显著的各向异性，并表现出对遥感数据源的敏感性。

3）景观破碎化空间变异与研究幅度呈现非常明显的幂律关系，且具有 4590m 的特征尺度。景观破碎化呈现一定的空间分布格局。结构性因素引起的空间变异起主要作用，参数呈现显著的空间自相关性，数据序列较复杂。东北—西南方向和东—西方向上的分形维数较大，空间自相关距离较短。

参 考 文 献

陈怀亮.2007.黄淮海地区植被覆盖变化及其对气候与水资源影响研究.北京：中国气象科学研究院.

高江波，蔡运龙.2010.区域景观破碎化的多尺度空间变异研究——以贵州省乌江流域为例.地理科学，30（5）：742-747.

李克让，陈育峰，黄玫，等.2000.气候变化对土地覆被变化的影响及其反馈模型.地理学报，

55（z1）：57-63.

李双成，蔡运龙.2005. 地理尺度转换若干问题的初步探讨. 地理研究，24（1）：11-18.

李双成，刘逢媛，高江波.2008. 基于 L-Z 算法的 NDVI 变化复杂性的空间格局及其成因：以北京周边为例. 自然科学进展，18（1）：68-74.

李晓兵，史培军.1999. 基于 NOAA/AVHRR 数据的中国主要植被类型 NDVI 变化规律研究. 植物学报，41：314-324.

刘丛强.2009. 生物地球化学过程与地表物质循环：西南喀斯特土壤—植被系统生源要素循环. 北京：科学出版社.

刘建刚，谭徐明，万金红，等.2011.2010 年西南特大干旱及典型场次旱灾对比分析. 中国水利，（9）：17-19，42.

卢耀如.1986. 中国喀斯特地貌的演化模式. 地理研究，（4）：25-35.

王德炉，朱守谦，黄宝龙.2003. 贵州喀斯特区石漠化过程中植被特征的变化. 南京林业大学学报（自然科学版），27（3）：26-30.

王远飞，何洪林.2007. 空间数据分析方法. 北京：科学出版社.

王政权.1999. 地统计学及其在生态学中的应用. 北京：科学出版社.

魏凤英.1999. 现代气候统计诊断与预测技术. 北京：气象出版社.

熊康宁，黎平，周忠发，等.2002. 喀斯特石漠化的遥感-GIS 典型研究：以贵州省为例. 北京：地质出版社.

张雪艳，胡云锋，庄大方，等.2009. 蒙古高原 NDVI 的空间格局及空间分异. 地理研究，28（1）：10-18.

张镱锂，丁明军，张玮，等.2007. 三江源地区植被指数下降趋势的空间特征及其地理背景. 地理研究，26（3）：500-507.

赵汝植.1997. 西南区自然区划探讨. 西南师范大学学报（自然科学版），（2）：193-198.

朱守谦，魏鲁明.1995. 茂兰喀斯特森林树种生长特点初步研究. 山地农业生物学报，（1）：8-16.

Brunsdon C, Fotheringham A S, Charlton M. 1996. Geographically weighted regression：A method for exploring spatial nonstationarity. Geographical Analysis, 28（4）：281-298.

Brunsdon C, Fotheringham A S, Charlton M. 1998. Geographically weighted regression- modelling spatial non-stationarity. Journal of the Royal Statistical Society, 47：431-443.

Fang J Y, Piao S L, Tang Z Y, et al. 2001. Interannual variability in net primary production and precipitation. Science, 293（5536）：1723.

Hijmans R J, Cameron S E, Parra J L, et al. 2005. Very high resolution interpolated climate surfaces for global land areas. International Journal of Climatology, 25：1965-1978.

Holben B N. 2007. Characteristics of maximum-value composite images from temporal AVHRR data. International Journal of Remote Sensing, 7（11）：1417-1434.

Jaeger J A G. 2000. Landscape division, splitting index, and effective mesh size：New measures of landscape fragmentation. Landscape Ecology, 15（2）：115-130.

Jarlan L, Mangiarotti S, Mougin E, et al. 2008. Assimilation of SPOT/vegetation NDVI data into a sahelian vegetation dynamics model. Remote Sensing of Environment, 112: 1381-1394.

Lanzante J R. 1996. Resistant, robust and non-parametric techniques for the analysis of climate data: Theory and examples, including applications to historical radiosonde station data. International Journal of Climatology, 16 (11): 1197-1226.

Li H X, Wei X H, Zhou H Y. 2014. Rain-use efficiency and NDVI-based assessment of Karst ecosystem degradation or recovery: A case study in Guangxi, China. Environmental Earth Sciences, 74 (2): 1-8.

Mao D H, Wang Z M, Luo L, et al. 2012. Integrating AVHRR and MODIS data to monitor NDVI changes and their relationships with climatic parameters in Northeast China. International Journal of Applied Earth Observation & Geoinformation, 18: 528-536.

Maselli F, Chiesi M. 2006. Integration of multi-source NDVI data for the estimation of Mediterranean forest productivity. International Journal of Remote Sensing, 27 (1): 55-72.

Myneni R B, Keeling C, Tucker C J, et al. 1997. Increase plant growth in the north high latitudes from 1981 to 1991. Nature, 386: 698-702.

Piao S L, Mohammat A, Fang J Y, et al. 2006. NDVI-based increase in growth of temperate grasslands and its responses to climate changes in China. Global Environmental Change, 16 (4): 340-348.

Piao S L, Wang X H, Ciais P, et al. 2011. Changes in satellite-derived vegetation growth trend in temperate and boreal Eurasia from 1982 to 2006. Global Change Biology, 17 (10): 3228-3239.

Sellers P J, Meeson B W, Hall F G, et al. 1995. Remote sensing of the land surface for studies of global change: Models-Algorithms-Experiments. Remote Sensing of Environment, 51 (1): 3-26.

Tarnavsky E, Garrigues S, Brown M E. 2008. Multiscale geostatistical analysis of AVHRR, SPOT-VGT, and MODIS Global NDVI Products. Remote Sensing of Environment, 112 (2): 535-549.

Tucker C J, Pinzon J E, Brown M E, et al. 2005. An extended AVHRR 8-km NDVI dataset compatible with MODIS and SPOT vegetation NDVI data. International Journal of Remote Sensing, 26: 4485-4498.

Tucker C J, Slayback D A, Pinzon J E, et al. 2001. Higher northern latitude NDVI and growing season trends from 1982 to 1999. International Journal of Biometeorology, 45: 184-190.

Verburg P H, Chen Y Q. 2000. Multiscale characterization of land-use patterns in China. Ecosystems, 3: 369-385.

Wang J, Meng J J, Cai Y L. 2008. Assessing vegetation dynamics impacted climate change in the southwestern Karst region of China with AVHRR NDVI and AVHRR NPP time-series. Environmental Geology, 54 (6): 1185-1195.

Xiao J F, Moody A. 2004. Trends in vegetation activity and their climatic correlates: China 1982 to 1998. International Journal of Remote Sensing, 25 (24): 5669-5689.

Zhang G L, Zhang Y J, Dong J W, et al. 2013. Green-up dates in the Tibetan Plateau have continuously advanced from 1982 to 2011. PNAS, 110 (11): 4309-4314.

| 第 3 章 |　喀斯特植被覆盖多尺度变异的驱动机制

植被作为陆地生态系统重要的组成成分和土壤–植被–大气连续体的主体（孙红雨等，1998），对气候变化响应敏感。研究植被变异特征与气候变化之间的相关性是分析生态系统响应气候变化敏感性和脆弱性的基础，成为全球变化的重要研究内容（Piao et al.，2011a，2011b）。另外，在区域尺度上，植被覆盖空间格局及其动态变化过程与空间尺度呈现关联性和差异性，而这种多尺度特征与土地利用、地形、小气候等局地环境特征密切相关（邬建国，2000；Peng et al.，2010；Jiang et al.，2014）。尤其是在西南喀斯特地区，地质条件独特、生境复杂、土地利用具有高度异质性，不同土地利用方式的组合形成了不同的景观和景观结构，导致该区景观破碎化程度高，显著影响区域生态状况。鉴于此，本章首先从宏观层面研判植被覆盖的气候要素驱动作用和格局，以其为背景，基于景观格局–生态功能，聚焦土地利用–土地覆被间的效应关系，借助能够反映生态系统结构与功能状态的 NDVI，选择典型的喀斯特流域，开展土地利用景观破碎化对 NDVI 影响的空间变异性研究。进而，从多要素、多过程相互作用的角度，借助 GWR 方法，探讨 NDVI 与多维环境因子的多尺度空间关系，以揭示此类关系在自然环境脆弱区的空间尺度依存性和空间非平稳性。

3.1　研究数据和方法

3.1.1　因变量

本章 GWR 模型与传统线性回归模型中的因变量均为遥感解译的 NDVI 数据，同时，针对不同研究目的和区域范围，采用了多源、多分辨率 NDVI 数据，主要是基于如下考虑：在针对整个喀斯特地区进行植被覆盖的气候影响分析时，采用 GIMMS NDVI 数据，因其具有较长时间尺度而可以反映气候变化的趋势性作用；在以贵州高原为研究区开展多要素影响分析时，考虑到空间非平稳性关系研究要求原始数据足够细致以能够提供局部尺度的信息，因而选择 SPOT NDVI 数据；

在以乌江南源三岔河流域主干流为例研究土地利用景观破碎化对植被活动的影响时，则采用更高分辨率的 MODIS 数据。

3.1.2 自变量

(1) 气候因子

气象数据来源于中国气象数据网（http://data.cma.cn/）。在本研究中我们采用了西南喀斯特地区的 43 个气象站点 1982～2013 年的月值气象资料，气象数据包括平均本站气压、平均气温、平均气温距平值、平均最高气温、平均最低气温、日照时数、平均相对湿度、最小相对湿度、降水量、最大日降水量、降水量距平百分率、平均风速等指标。为之后的研究所需，基于 DEM 数据，采用Auspline 软件将原始的气象站点数据插值为 8km 的栅格数据。同时，利用MATLAB8.1 软件提取出生长季的数据，后续采用 ArcGIS 插值程序进行处理和空间分析。本章所采用的气候因子包括年降水量［图 3-1（a）］、年均生物温度［图 3-1（b）］及潜在蒸散率。其中，潜在蒸散率是指潜在蒸散量与年降水量的比值，它可以反映温度和降水量的综合作用。多数情况下，潜在蒸散量可根据气象数据进行估计，并被认为是生物温度的 58.93 倍。因此，潜在蒸散率的计算公式如下（Yang et al., 2002）：

$$PETR = 58.93 T_B / P \qquad (3-1)$$

式中，PETR 为潜在蒸散率；T_B 为年均生物温度（℃）；P 为年降水量（mm）。生物温度是指高于冰点的温度，计算时将低于冰点的温度都设为 0℃。

生物温度与降水量数据为 WorldClim 所提供，分辨率均为 1km（Hijmans et al., 2005）。WorldClim 数据集包括年均气温、年降水量、各月最高温和最低温，以及由此衍生出的涉及气候年趋势、季节性及一些极端限制条件的 19 个生物气候变量。该数据集是由美国加利福尼亚大学和澳大利亚昆士兰大学采用全球1950～2000年 47 554 次降水、24 542 处平均气温及 14 835 处极端温度的观测站数据，通过薄板平滑样条内插得到。

(2) 地形因子

在景观和地形破碎地区，地形因子往往会对植被覆盖的分布具有重要作用。本章的主要数据项有海拔［图 3-2（a）］、坡度［图 3-2（b）］及合成地形指数（compound topographic index, CTI）等。海拔每升高 100m，通常会导致温度降低0.5～0.6℃，降水量增加约 92mm（Huang and Cai, 2007），进而影响植被状况。坡度对植被的作用主要是通过影响人类活动、局地小气候及土壤侵蚀等过程。CTI 是上游汇流面积和景观坡度的函数，计算公式为

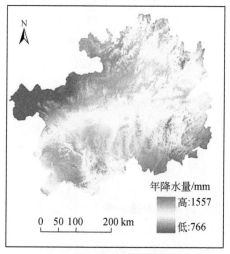

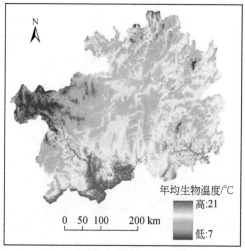

(a) 年降水量空间格局   (b) 年均生物温度空间格局

图 3-1　贵州喀斯特高原年降水量与年均生物温度空间格局

$$CTI = \ln\left(\frac{A_S}{\tan\beta}\right) \tag{3-2}$$

式中，A_S为汇流面积；β为坡度。CTI 又称为湿度指数（wetness index），可用来表示研究区水流和积水的空间分布（Irvin et al., 1997）。在平地区域（即坡度为0），计算 CTI 数值时，需先将坡度设为 0.001，该值远小于原始数据中的最小坡度值。

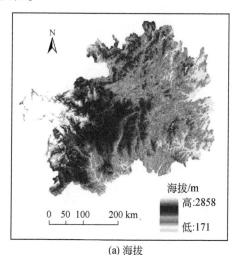

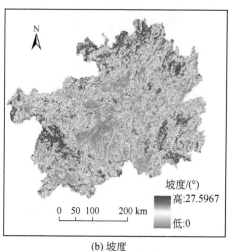

(a) 海拔   (b) 坡度

图 3-2　贵州喀斯特高原海拔与坡度

所有地形数据均来自美国地质调查局地球资源观测系统数据中心的 HYDRO1K 数据集，分辨率为 1km。该数据集可提供全球尺度上多种地形数据。

在借助 GWR 和 OLS 模拟 NDVI 与自变量关系之前，本研究将首先采用 SPSS15.0（SPSS Inc.，Chicago，IL，USA）中的单一样本科尔莫戈罗夫-斯米尔诺夫检验（one-sample Kolmogorov-Smirnov test）（Sheskin，2007）和皮尔逊相关系数（r）分别探讨各变量的正态分布状况及因变量与各解释变量之间的相关性。

3.1.3 研究方法

(1) 地理加权回归模型

地理加权回归（GWR）是由 Brunsdon 等（1996，1998）提出的一种简单而实用的局域空间分析方法，它展示了研究区域内部空间关系的变化图景，有助于揭示空间非平稳性条件下的空间关系（王远飞和何洪林，2007）。地理加权回归模型是普通最小二乘（ordinary least square，OLS）回归模型的延伸，该方法将数据的空间位置加入参数中，通过获取局部参数评估自变量与因变量关系在空间尺度上的变异。

GWR 模型的基本形式为

$$y_i = \beta_0(\mu_i, v_i) + \sum_{k=1}^{p} \beta_k(\mu_i, v_i) x_{ik} + \varepsilon_i \tag{3-3}$$

式中，(μ_i, v_i) 为第 i 个采样点的坐标；k 为自变量个数；y_i、x_{ik}、ε_i 分别为位置 i 点的自变量、因变量和随机误差；$\beta_0(\mu_i, v_i)$ 为位置 i 处的 GWR 模型的截距；$\beta_k(\mu_i, v_i)$ 为位置 i 处的 GWR 模型的斜率。

参数可通过以下公式进行估计：

$$\beta(\mu_i, v_i) = \left[X^T W(\mu_i, v_i) X \right]^{-1} X^T W(\mu_i, v_i) Y \tag{3-4}$$

式中，$\beta(\mu_i, v_i)$ 为回归系数的无偏估计；$W(\mu_i, v_i)$ 为空间权重矩阵，是地理加权回归的核心，观测点离特定点越近，权重越大；X 和 Y 分别为自变量和因变量的矩阵。

高斯空间权函数具有普适性，其表达形式为

$$\omega_{ij} = \exp\left(-\frac{d_{ij}^2}{b^2} \right) \tag{3-5}$$

式中，ω_{ij} 为 i 点观测点 j 的权重；d_{ij} 为 i 和 j 点的欧几里得距离；b 为描述权重与距离之间函数关系的非负衰减参数，也称为带宽。当观测点间的距离大于 b 值时，权重迅速趋近于 0。

自 ArcGIS 9.3 开始，ArcToolbox 中嵌入了 GWR 模型。其主要的输入选项包括 GIS 格式数据、自变量、因变量。此外，还有一些可选择的参数设置，如

kernel 类型、带宽确定方法、带宽距离、邻域数量及权重。GWR 模型的带宽是指对相关关系研究的分析尺度,因而 GWR 的多带宽(或多尺度)模拟研究对确定适当的分析尺度非常重要。

所有自变量和因变量原始数据均为 1km 分辨率的栅格数据,因此首先需要将其转换为矢量格式,以满足基于 ArcGIS 的 GWR 模型的要求。数据采样共分 3 步:①在研究区范围内生成随机点;②提取栅格数据并赋值给随机点;③筛选适当数据(即删掉无效数据)进行相关关系模拟。

(2)空间非平稳性测度

空间平稳性是指因变量 y 和自变量 x(x_1,x_2,$\cdots$,x_n)的关系在空间上不同点之间没有差异。Osborne 等(2007)提出了一个基于 GWR 模型的平稳性指数,其算法为

$$SI = \_GWR\_iqr/2 \times GLM\_se \tag{3-6}$$

式中,SI 为平稳性指数,_GWR_iqr 为某一变量地理加权回归系数标准误差的四分位数间距,GLM_se 为该变量全局性回归系数的标准误差。当 SI 大于 1 时,表明该变量与因变量之间的关系是空间非平稳的;当 SI 小于 1 时,其相关关系达到平稳状态(Charlton et al.,2003)。本研究利用 MATLAB 7.4 计算该平稳性指数,具体步骤为:①使用 MATLAB 的 iqr 函数计算 GWR 标准误差的四分位数间距;②由 MATLAB 的 glmfit 函数获得全局回归模型的标准误差;③上述两者之商即为平稳性指数。此外,本研究还结合 OLS 回归模型的 Koenker(BP)统计值分析 NDVI 与环境因子关系的空间非平稳性。

3.2 气候变化背景下喀斯特地区植被覆盖的时空变化特征

3.2.1 喀斯特地区 1982 ~ 2013 年气候变化趋势与空间格局

(1)1982 ~ 2013 年气候因子的年际变化趋势

由图 3-3(a)可以看出,西南喀斯特地区的生长季温度呈现上升趋势,变化速率为 0.018℃/a。1982 ~ 2013 年温度距平值各年存在差异,介于 -0.6 ~ 0.8℃。1995 年前距平值呈现负水平,这与 NDVI 的动态变化特征保持一致。图 3-3(b)展示了多年月均温度的变化特征,年内温度变化波动在 5℃以上,多年平均最高温度出现在 7 月,为 25.2℃。从图 3-3(c)可以看出,1982 ~ 2013 年降水量整体呈现下降趋势,生长季降水量的变化速率为 -1.21mm/a。根据 1982 ~ 2013 年

降水量距平值分布，可将其划分成 1982～1992 年、1993～2002 年和 2003～2013 年 3 个阶段。在 1993～2002 年，生长季平均降水量距平值要高于基准线，但是其余两个阶段的降水量距平值都处于较低水平。图 3-3（d）展示了降水量的逐月分布情况，年内降水量主要集中在 5～8 月。此外，我们对温度和降水量做了 Mann-Kendall 检验，结果表明在整个时间段内没有明显的突变点。温度呈现上升趋势，其中从 2008 年开始显著上升（Z 值>1.96）。降水量变化趋势不稳定，1982～1992 年呈现下降趋势，1992～2002 年呈现上升趋势，2002～2013 年又呈现下降趋势。而且 1982～1992 年，生长季降水量之所以呈现显著下降，可能与 1985～

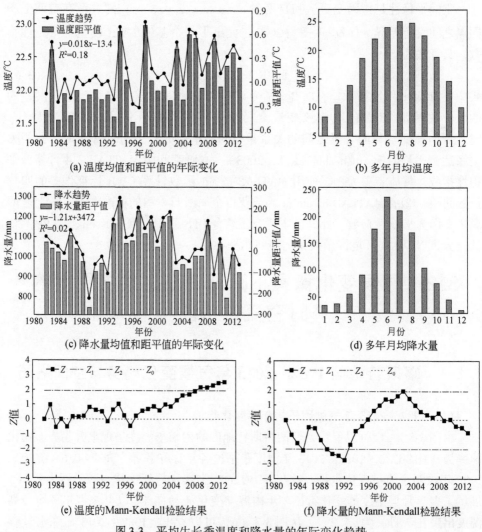

(a) 温度均值和距平值的年际变化

(b) 多年月均温度

(c) 降水量均值和距平值的年际变化

(d) 多年月均降水量

(e) 温度的Mann-Kendall检验结果

(f) 降水量的Mann-Kendall检验结果

图 3-3　平均生长季温度和降水量的年际变化趋势

1993 年的历史干旱事件有关（刘建刚等，2011）。

（2）1982～2013 年气候变化的空间格局

西南喀斯特地区多年平均温度和降水量及其变化速率的空间格局如图 3-4 所示。多年生长季平均温度呈现出从东南向西北逐渐降低的趋势，由 10.81℃ 变化至 27.07℃。其中广西壮族自治区温度最高，云南东北部地区温度相对较 低。从变化速率上来看，整个地区气温变化有升有降，以上升为主。云南东南 部地区是温度上升幅度最大的地区，变化速率为 0.1℃/a，其次是广西壮族自治 区，以上升 0～0.1℃为主；贵州北部地区呈现下降趋势，中部和南部地区上升，部分地区温度上升幅度较大。在空间上，多年生长季降水量从 464mm 变化至 1253mm，东南部的广西壮族自治区较高，云南东部和贵州北部降水量较低。变 化趋势上来看，全区呈现从南向北降水量逐渐减少的格局，且以降水量下降为 主。其中整个贵州地区的降水量呈现下降趋势，下降速率主要集中在大于 3.5mm/a 的水平。在广西西部和云南东部地区生长季降水量以上升为主，上升速 率主要集中在>3.5mm/a 的水平。

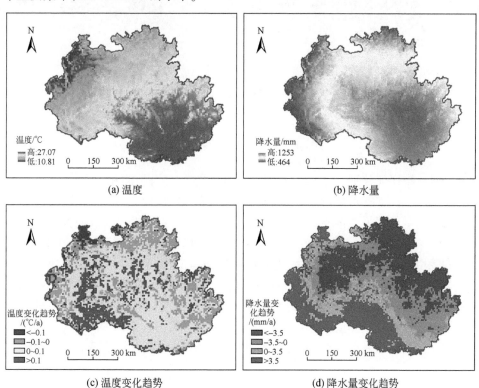

(a) 温度　　　(b) 降水量

(c) 温度变化趋势　　　(d) 降水量变化趋势

图 3-4　1982～2013 年的气候因子的多年平均值及变化趋势的空间格局

3.2.2　喀斯特地区 1982~2013 年气候变化对植被覆盖的影响

(1) 气候因子与 NDVI 的全局相关性分析

针对该区气候因子与 NDVI 的相关性分析，本研究将分别采用多元线性回归和地理加权回归从时间和空间角度进行计算。首先，基于 1982~2013 年 43 个站点的生长季 NDVI、平均温度及累积降水量，整体分析了 NDVI 与气候因子的相关关系（图 3-5），结果表明 NDVI 与温度的相关关系强于降水量，且在一定范围内 NDVI 随着温度的增加而上升，而后 NDVI 出现下降趋势。

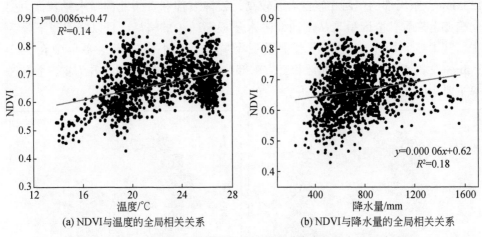

(a) NDVI 与温度的全局相关关系　　　　(b) NDVI 与降水量的全局相关关系

图 3-5　1982~2013 年生长季 NDVI 与温度、降水量的全局相关关系

同时，本研究分别对不同植被类型 NDVI 与气候因子的相关关系（表 2-1，图 3-6）进行了计算和分析，结果表明不同植被类型都与温度具有较强的相关性，与降水量的相关性偏弱。其中，草地 NDVI 与温度的相关系数最大，达到了 0.01 的显著性水平，相关系数为 0.493；其次是草甸，相关系数达到 0.412；阔叶林和栽培植被与温度的相关系数分别达到 0.315、0.374。与温度的相关性相比，降水量与 NDVI 的相关关系偏弱。草地 NDVI 与降水量的相关系数为 0.289，达到了 0.01 的显著性水平；其次为阔叶林和栽培植被与降水量的相关系数分别为 0.173 和 0.182，也达到了 0.01 的显著性水平。但是，草甸 NDVI 与温度呈现正相关，而与降水量呈现负相关，这与其他 5 种植被类型存在差异。

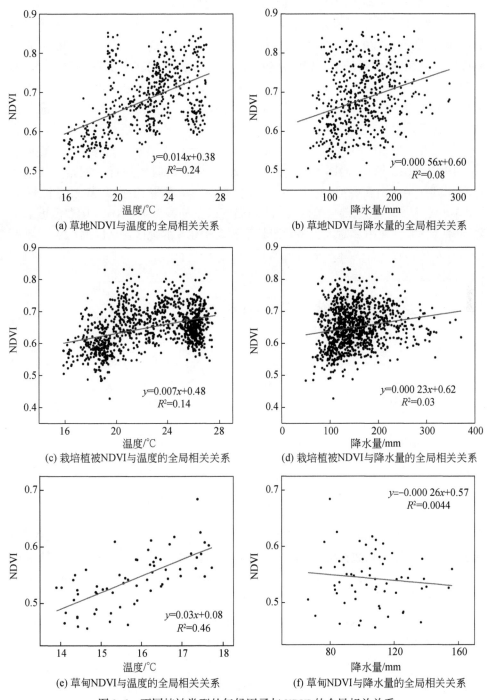

(a) 草地NDVI与温度的全局相关关系

(b) 草地NDVI与降水量的全局相关关系

(c) 栽培植被NDVI与温度的全局相关关系

(d) 栽培植被NDVI与降水量的全局相关关系

(e) 草甸NDVI与温度的全局相关关系

(f) 草甸NDVI与降水量的全局相关关系

图3-6 不同植被类型的气候因子与NDVI的全局相关关系

（2） 气候因子与 NDVI 的多元线性回归–时间关系

多元线性回归分析的方法用于分析在时间尺度上 NDVI 与气候因子的相关关系。多元回归系数的绝对值越大，气候因子对 NDVI 的影响越大。图 3-7 表示 NDVI 与温度和降水量的多元回归系数，图 3-7 （a） 表明在 70% 的地区 NDVI 与温度的多元回归系数介于 0～0.4，而多元回归系数在 >0.4 和 <-0.4 范围内的地区仅占全区的 11%，主要分散在西部和北部地区。植被类型为阔叶林和灌丛的地区，其多元回归系数较低。总之，生长季 NDVI 与温度的正相关性也是保持在一定范围内，当温度超出范围也会对植被生长产生负面影响。此外，还对整体上升 （1982～2013 年）、局部下降 （2009～2012 年） 的时段进行了探索，其下降速率达到了 –0.017/a。通过对 NDVI 与气温、降水量因子的多元线性回归 （图 3-8），结果发现大部分地区 NDVI 与温度以正相关为主，NDVI 随着温度的下降而降低，尤其在中部地区。多元回归系数大于 0.4 的地区占全区的 52%，主要分布着灌丛和阔叶林。降水量与 NDVI 以负相关为主。

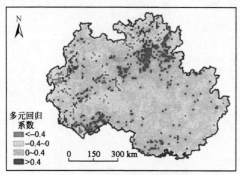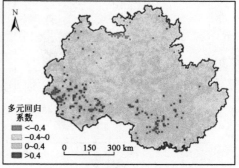

(a) NDVI 与温度的多元回归系数　　　　　(b) NDVI 与降水量的多元回归系数

图 3-7　1982～2013 年 NDVI 与温度及降水量的多元回归系数

生长季 NDVI 与降水量的标准化回归系数如图 3-7 （b） 所示。总的来说，在大部分地区 NDVI 与降水量呈现正相关，负相关主要集中在北部地区。NDVI 与降水量的多元回归系数在 >0.4 和 <-0.4 范围的地区仅占 4%，主要分布在研究区的南部和西北角落。整个区域的决定系数 R^2 集中在 0～0.56，但是 99.5% 的地区的 $R^2 < 0.4$。

（3） 气候因子与 NDVI 的地理加权回归分析–空间关系

为了更好地理解 NDVI 与气候因子的空间相关关系，GWR 模型用来分析其空间关系。结合线性回归和地理加权回归模型，还可弥补线性回归的不足之处。借助 ArcGIS10.1 的空间统计模块进行 NDVI 与气候因子的静态与动态回归，静态回归是对 32 年生长季 NDVI、温度和降水量的均值进行 GWR 分析，动态回归下，

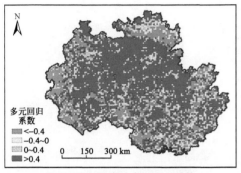
(a) NDVI与温度的多元回归系数

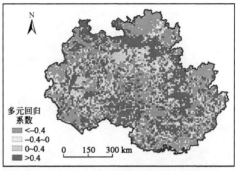
(b) NDVI与降水量的多元回归系数

图 3-8 2009～2012 年 NDVI 与温度及降水量的多元回归系数

生长季 NDVI 变化速率为因变量，温度、降水量的变化速率为自变量。图 3-9 为地理加权回归结果，系数图层的颜色由蓝至红的渐变表明回归系数值由小变大，系数图层之上覆盖的点是标准差，其表征回归系数估计的可靠性。

图 3-9（a）、图 3-9（b）显示了多年平均生长季 NDVI 与温度和降水量的静态回归系数，结果表明多年平均 NDVI 与温度为正相关关系，相关系数变化范围为 0.0013～0.0174，呈现东北高西南低的空间格局。在整个研究区，多年平均 NDVI 与降水量的回归系数有正有负（-0.0001～0.0001），正相关关系主要分布在云南省东部地区。图 3-9（c）、图 3-9（d）为动态回归系数的空间格局，NDVI 与温度的动态回归系数变化范围为 -0.0073～-0.000 05，由东向西相关程度逐渐减弱。而 NDVI 与降水量的动态回归系数为正值，在较小的范围内波动（0.0003～0.0004）。以上结果也说明 NDVI 对温度的变化更加敏感，这和多元线性回归得出的结果类似。

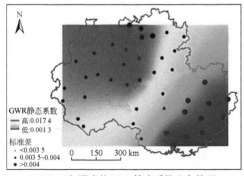

(a) NDVI与温度的GWR静态系数分布格局

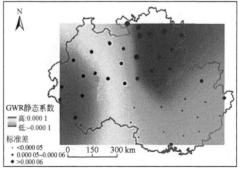
(b) NDVI与降水量的GWR静态系数分布格局

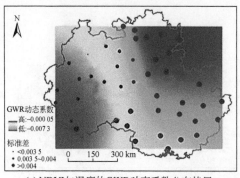
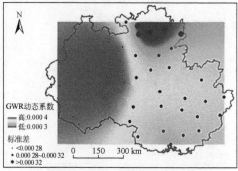

(c) NDVI与温度的GWR动态系数分布格局   (d) NDVI与降水量的GWR动态系数分布格局

图 3-9   1982 ~ 2013 年 NDVI 与温度、降水量的 GWR 静态系数和 GWR 动态系数分布格局

同样地，2009 ~ 2012 年的 NDVI 与气候因子的静态、动态回归分析结果如图 3-10 所示，静态回归结果与全时段类似，动态回归结果有些差异。云南东部和贵州东部，NDVI 的变化率与温度的变化率呈正相关，其他地区呈负相关。

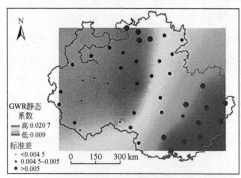
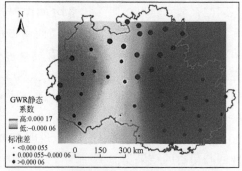

(a) NDVI与温度的GWR静态系数分布格局   (b) NDVI与降水量的GWR静态系数分布格局

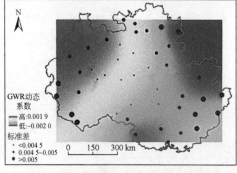
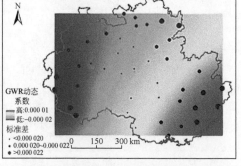

(c) NDVI与温度的GWR动态系数分布格局   (d) NDVI与降水量的GWR动态系数分布格局

图 3-10   2009 ~ 2012 年 NDVI 与温度、降水量的 GWR 静态系数和 GWR 动态系数分布格局

NDVI 与降水量的相关性以负相关为主，主要分布在贵州和云南东部。NDVI 的下降可能是由降水量的增加引起云量增多、太阳辐射减少及温度降低而造成的（Li et al.，2011；Lu，2011）。而该区 NDVI 对温度敏感，NDVI 明显下降。

3.3 喀斯特地区植被覆盖与景观破碎化关系的空间变异性

本节选择分辨率为 500m 的 MODIS NDVI 遥感数据来表征三岔河流域主干流的植被覆盖状况，采用地理加权回归模型，与景观破碎化指数的分布格局进行空间相关分析，研究该流域土地利用景观格局与植被覆盖状况的空间相关性。

三岔河为乌江南源一级支流，位于 104°54′~106°24′E、26°06′~27°00′N，流域面积为 4861km²。该河流发源于贵州省西部乌蒙山，于毕节市黔西县东风水库与乌江北源六冲河汇合后为乌江中游鸭池河（图 3-11）。三岔河流域主干流所处的贵州省西北部为典型的喀斯特峰丛洼地区，具有独特的地质水文结构，地表土层浅薄且分布不连续，水文过程变化迅速，水、土资源空间分布不匹配。脆弱的生态地质环境叠加人类活动的干扰，导致该区石漠化现象突出。

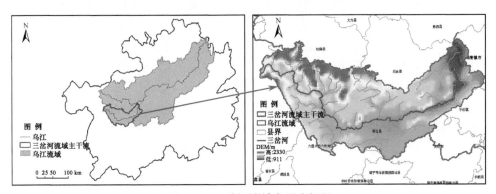

图 3-11　三岔河流域主干流概况

流域气候受西风带和太平洋副热带高压系统的交替影响，属于亚热带季风气候区，气候温暖湿润，雨量充沛。年均降水量为 1411.4mm；降水量从上游向下游逐渐减少。降水量年内分配不均匀，大暴雨多集中在 7~9 月；多年平均气温为 15.4℃，多年平均相对湿度为 80%。

流域地势呈现西高东低的空间格局，海拔介于 911~2330m。土地利用类型包括林地、园地、耕地、草地、商服用地及工矿仓储用地，其中森林面积最大，占全区的 45%，其次为园地（25%），农地及草地的面积比例较小。由于商服用地及工业仓储用地为人类活动区，本研究将其合为一种类型。根据 1990~2010 年土地利用遥感数据，三岔河流域主干流的土地利用类型动态变化并不显著，耕地、草地、疏林地及未利用地等占比介于 0.2%~9%。

受区域季风气候和区域地形的影响，三岔河属山区雨源型河流，是降雨补给型河川径流，并伴有少量融雪化冰与地下水补给，具有明显的汛期。径流年际变化相对较小，年内变化相对较大。流域汛期 5~10 月多暴雨和阵雨，其中以 5~7 月最为集中。年最大洪峰主要集中在 6~7 月，其次为 8 月和 9 月。暴雨历时短，雨量集中，干流河谷深切，比降大，槽蓄作用小，洪水过程涨率较大，但因地处岩溶地区，落水较缓，洪水峰顶持续时间一般为 1~3h，退水时间为 2~3d。洪水陡涨陡落，多单峰过程，暴雨中心多在中、上游。

3.3.1 三岔河流域主干流景观破碎化指数的空间变异特征

(1) 三岔河流域主干流景观破碎化指数的尺度依存性

景观格局具有空间相关性和尺度依存性（Wu, 2004），景观破碎化指数的空间格局随着尺度的变化而变化，因此一个准确的分析尺度对研究景观格局非常重要。在一定范围内，研究尺度越大，空间异质性越低。图 3-12 为不同分析尺度下景观破碎化空间异质性的变化趋势，$C/(C_0+C)$ 反映了结构因子的空间异质性。该比值越高，空间自相关越明显；反之，空间变异程度越高。三岔河流域主干流景观破碎化尺度分析表明，有效粒度尺寸（m_{eff}）与分析尺度之间存在幂律关系。500m 的分析尺度揭示了足够的空间异质性信息，最优地反映了景观破碎化内在的空间异质性尺度。因此，选取空间分辨率为 500m 的 MODIS NDVI 数据，研究景观破碎化对植被活动的影响。

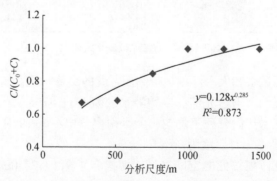

图 3-12 不同分析尺度下的景观破碎化空间异质性的变化趋势

（2）三岔河流域主干流景观破碎化指数的空间变异特征

图3-13展示了分析尺度为500m下有效粒度尺寸的空间格局。高值区代表景观破碎化程度低，景观范围内土地利用类型单一、分布连续、空间变异性小；低值区土地利用类型空间变异性大、离散程度高，景观破碎化程度高。从图中可看出，高值区与低值区错杂，但低值区面积大于高值区。低值区主要分布在三岔河流域主干流的中下游地区，景观破碎化程度高；而上游地区海拔高，人为干扰弱，景观破碎化程度低。从不同的土地利用类型来看，林地的景观破碎化指数较高，平均值为12.13，大于全区的平均值（11.70），这是由于该流域林地面积大且分布较为集中，景观破碎化程度较低。其余4种土地利用类型的景观破碎化指数均在全区平均值以下。

综合土地利用类型空间分布图和景观破碎化指数的空间分布格局，借助ArcGIS的叠置分析功能，发现三岔河流域主干流景观破碎化程度较严重的中游地区交错分布着林地、果园、水域、草地、商服用地、工业仓储用地及其他用地，主要集中在三岔河流域主干流的中游地区。

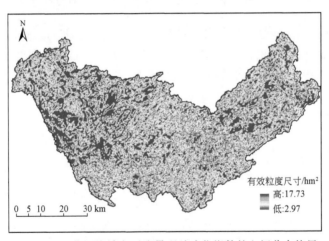

图3-13　三岔河流域主干流景观破碎化指数的空间分布格局

（3）不同环境因素下景观破碎化指数的空间异质性

与其他地区相比，三岔河流域主干流景观破碎程度较高，m_{eff}平均值为11.70。例如，在北京顺义区的城市边缘，尽管人类活动剧烈，但平均水平仍为42.45，范围为7.2~98.01（李灿等，2013）。这可能与该区特殊的地质地貌条件有关，加剧了景观破碎化程度。因此，在景观破碎化的影响分析中需考虑海拔、坡度、岩性、地貌等地形因素。

首先，分析了海拔和坡度对景观破碎化的全局影响（图3-14）。结果表明，m_{eff}值随着海拔的增加而增加，这是由于低海拔区人类活动通常较明显，景观破碎化程度较高。而m_{eff}值与坡度的关系较弱。整体来看，m_{eff}值随不同海拔和坡度变化的变异规律不明显。

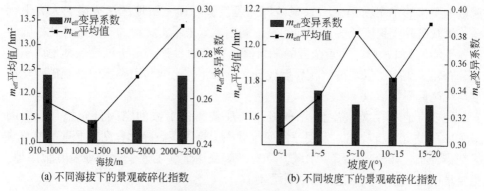

(a) 不同海拔下的景观破碎化指数　　　　(b) 不同坡度下的景观破碎化指数

图3-14　不同环境因素下景观破碎化指数的统计分析结果

总体上看，不同岩性类型的分析结果（表3-1）表明，连续和夹层碳酸盐岩类型（LS、DM、LC、DC）的m_{eff}值均处于低水平，岩石互层类型（LCI和DCI）的m_{eff}值较高。由此说明，碳酸盐岩含量越高，景观破碎程度越高，这可能与碳酸盐岩地区岩溶侵蚀较强有关。对于白云岩地区，m_{eff}值的顺序为DM<DC<DCI（表3-1），说明随着碎屑岩含量的降低，景观破碎程度逐渐增大。但类似的规律在石灰岩区没有发现，景观破碎度随碎屑岩含量的增加先增大后减小（LCI>LS>LC）。含碎屑岩的白云岩区多分布在高海拔、陡坡地区（中起伏中山），景观破碎程度较高。

此外，景观破碎程度因地貌类型的不同而存在差异。中海拔平原的景观破碎化指数最小，其他地貌类型的景观破碎程度依次为中海拔台地>中海拔丘陵>小起伏中山>中起伏中山，m_{eff}值为10.59 ~ 12.47hm^2。

表3-1　不同地质地貌类型下景观破碎化指数的统计分析

项目	地质地貌类型	m_{eff}值/hm^2	变异系数
岩性类型	灰岩夹层（LC）	10.95	0.345
	碎屑岩（CR）	11.08	0.350
	白云岩（DM）	11.10	0.349

续表

项目	地质地貌类型	m_{eff}值/hm^2	变异系数
岩性类型	碎屑岩夹碳酸盐岩（CC）	11.55	0.342
	灰岩（LS）	11.75	0.354
	灰岩与白云岩互层（LDI）	11.97	0.331
	灰岩与碎屑岩互层（LCI）	12.09	0.335
	白云岩与碎屑岩互层（DCI）	12.33	0.325
	白云岩夹层（DC）	11.71	0.354
地貌类型	中海拔平原（MEP）	10.59	0.345
	中海拔台地（MEPF）	11.04	0.330
	中海拔丘陵（MEH）	11.30	0.342
	小起伏中山（SRM）	11.61	0.345
	中起伏中山（MRM）	12.47	0.317

3.3.2 基于 GWR 模型的景观格局与植被活动的空间关系分析

（1）基于 GWR 模型的多尺度模拟研究

利用 GWR 模型分析了土地利用景观格局与植被活动的空间关系，其中带宽（对相关关系研究的分析尺度）直接影响空间回归的模拟效果。因此，为保证 GWR 模型科学地描述非平稳空间相关性，需要选择最优带宽。这里选取确定系数和残差平方和作为指标来确定 GWR 模型的分析尺度。最佳带宽确保对区域的宏观格局表征准确，又对局部信息刻画清晰。

图 3-15 显示了不同带宽尺度下 GWR 模型的回归模拟性能，景观格局与植被活动的相关关系存在显著的空间尺度依存性。GWR 模型的残差平方和在 7km 前呈指数增长，在带宽约为 7km 时逐渐增大，随后趋于稳定。确定系数随带宽的增大而逐渐减小，在带宽为 7km 时确定系数为 0.46。综合以上分析，选取带宽为 7km 作为拟合尺度较为合适，在一定程度上确保了 GWR 模型的拟合效果。

（2）基于 GWR 模型的三岔河流域主干流景观格局与植被活动的空间关系

利用 GWR 模型具有区域性参数估计的优势，定量分析了土地利用景观与植被活动的空间相关性。GWR 系数的相对值表示相关程度，局部决定系数（R^2）的取值范围为 0~1，表示局部回归模型与观测值的拟合程度，值越高说明局部模型性能越好。

GWR 系数的空间分布格局差异明显（图 3-16），正、负相关并存，交错分布

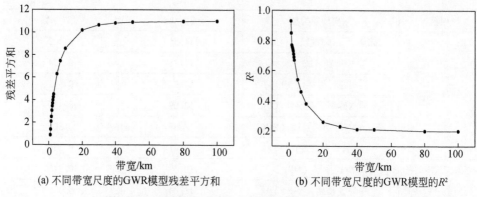

(a) 不同带宽尺度的GWR模型残差平方和   (b) 不同带宽尺度的GWR模型的R^2

图 3-15   不同带宽尺度的 GWR 模型残差平方和与 R^2

在全区域。NDVI 与 m_{eff} 的负相关关系主要分布在东北部，占整个地区的 45.4%，正相关关系主要分布在东部和西部地区。在三岔河流域主干流上游，NDVI 与 m_{eff} 呈显著正相关。这是由于上游景观破碎度低，主要为灌木和果园用地，植被覆盖状况良好。在中游地区景观破碎化程度较高，植被覆盖度较高，可能受气候、地形等因素影响。在下游地区以正相关为主，景观破碎化程度越高，植被覆盖度越低；这表征了人类活动对植被影响较明显。尤其在流域的东南边缘地区，NDVI 与 m_{eff} 呈显著正相关（商服用地和工矿仓储用地）。

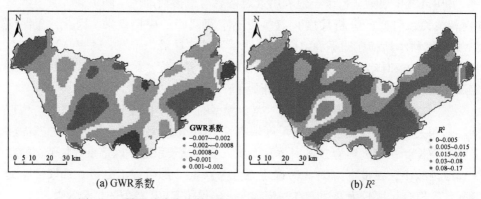

(a) GWR系数   (b) R^2

图 3-16   景观破碎化指数和 NDVI 的 GWR 系数及 R^2 的空间格局

3.3.3   不同环境因素对景观破碎化与植被活动空间关系的影响

以上结果表明，景观格局与植被活动的关系表现出明显的空间异质性和地带性分布。考虑到喀斯特地质地貌的特殊性，进一步探讨了不同海拔、坡度、岩性、地貌等环境因素对回归系数的影响。

岩性类型是岩溶地区重要的内在因素，影响着岩溶地区景观格局和生态功能的形成与发展。灰岩和灰岩夹层区 GWR 系数为正，分别为 4×10^{-4} 和 1.4×10^{-4}，白云岩（DM）区 GWR 系数为负（-2.2×10^{-4}）。在灰岩（LS）地区，景观破碎程度越大，植被活动越差；这种相关性随着碎屑岩含量的增加而减弱。石灰岩区较高水平的相关性，说明生态功能对外部环境的变化越敏感。而白云岩（DM）区域 GWR 系数（$m_{eff} = 11.10 \mathrm{hm}^2$）为负值，即景观破碎度越高，植被活动越好。白云岩（DM）区域的地形通常比较平缓，可能受到人类活动的影响。此外，GWR 系数随海拔和坡度的变化而波动的趋势不明显（表 3-2）。

不同地貌类型的影响差异明显（图 3-17）。中海拔丘陵、中海拔台地、中海拔平原的景观破碎化与植被活动呈负相关关系，小起伏中山与中起伏中山的景观破碎化与植被活动呈正相关关系。在中起伏山区，这种正相关关系反映了人为干扰较弱。在中海拔地区，人类活动对这种关系的影响更为显著。石漠化治理项目改善了生态环境，也可能加剧景观破碎化程度。

表 3-2　不同海拔、坡度下的 GWR 系数的统计分析

海拔/mm	GWR 系数	坡度/(°)	GWR 系数
910 ~ 1000	−0.000 57	0 ~ 5	−0.001 85
1000 ~ 1500	−0.001 96	5 ~ 10	−0.001 08
1500 ~ 2000	−0.000 56	10 ~ 15	0.000 13
2000 ~ 2300	−0.001 34	15 ~ 20	−0.001 41

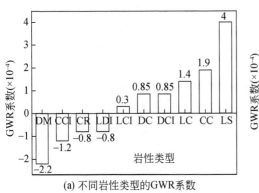

(a) 不同岩性类型的GWR系数

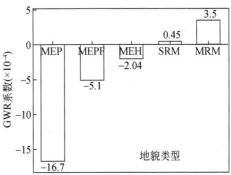

(b) 不同地貌类型的GWR系数

图 3-17　不同岩性类型和地貌类型下 GWR 系数的统计分析

3.4 喀斯特地区植被覆盖与环境因子的多尺度空间非平稳关系

3.4.1 NDVI 与环境因子空间非平稳关系的尺度依存性

相关分析结果显示（表3-3），除了合成地形指数（CTI），其他环境因子均与 NDVI 具有显著相关性（$p<0.01$）。生物温度、降水量及坡度与 NDVI 呈现显著正相关，而潜在蒸散率（potential evapotranspiration ratio，PETR）和海拔与 NDVI 呈显著负相关。CTI 与 NDVI 不具备相关性（$r=-0.018$，$p=0.199$），说明 NDVI 高值并不一定位于流水区。此外，由 SPSS 计算的单一样本柯尔莫哥洛夫–斯米诺夫检验结果显示所有变量均符合正态分布要求，即它们均适于回归分析。尽管传统统计学方法可揭示 NDVI 与多项环境因子显著相关，但这种相关关系的空间异质性和尺度依存性仍不明确。

表 3-3 NDVI 与环境变量之间的皮尔逊相关系数

变量	N	r	p
海拔	4983	−0.392	<0.01
坡度	4983	0.150	<0.01
CTI	4983	−0.018	0.199
生物温度	4983	0.245	<0.01
降水量	4983	0.434	<0.01
PETR	4983	−0.058	<0.01

注：N 为采样点数；r 为皮尔逊相关系数；p 代表显著性水平

尽管 GWR 能够揭示出因变量与自变量之间关系的空间差异，但高斯函数的基部宽度（带宽）的选择直接影响到分析结果的空间构型。如果带宽选择过小，对局部细节刻画充分，而对整个宏观格局的表征不够准确；如果带宽选择过大，空间结构被过度平滑，局部信息会被隐匿，当带宽为整个研究区域时，GWR 的性能等价于一般的全局性回归模型。为了减少 NDVI 及环境因子分布的空间异质性对回归结果的影响，本研究首先根据平稳性指数和 GWR 回归残差平方和在多尺度上的计算结果确定最佳的高斯函数带宽（图3-18，图3-19），然后以此尺度在 ArcMap 9.3 中获取 GWR 模型各种参数的空间结构。

由于地形因子和 NDVI 关系及气候因子和 NDVI 关系的空间尺度依存性具有

类似的分析思路和逻辑，本节仅列出有关地形因子的多尺度计算结果。如图 3-18 所示，地形因子与 NDVI 关系的平稳性指数随着尺度增加而快速衰减。在地形因子中，与 CTI 和坡度相比，海拔的变化曲线不仅具有较大的变化幅度，其平稳性指数也相对较大。所有地形因子的平稳性指数均在 20km 的空间尺度内具有较大的变化幅度，这说明各地形因子对 NDVI 的主要作用尺度位于 20km 范围内。衰减曲线在 40km 左右开始变得平缓，并且 NDVI 与坡度及 NDVI 与 CTI 的相关关系在 160km 的尺度域内可达到平稳状态，因为它们的平稳性指数在 10km 左右已小

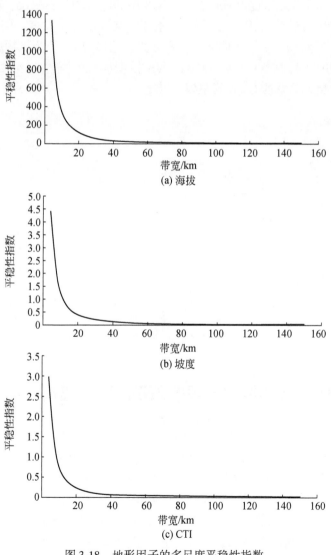

图 3-18 地形因子的多尺度平稳性指数

于 1。Koenker（BP）统计值同样也显示在研究区范围内，NDVI 与海拔的相关关系在 $p<0.05$ 的显著性水平上为空间非平稳的。

图 3-19 显示了 3 个地形因子在多个尺度上的 GWR 回归残差平方和，并表现出与图 3-18 相反的变化规律，但此时所有的递增曲线在 120km 的尺度上才开始变得平缓。相比而言，在该尺度域内，海拔对 NDVI 模拟的拟合优度要优于坡度和 CTI。

从图 3-18 和图 3-19 可知，NDVI 与地形因子的相关关系呈现显著的空间尺度依存性。当 GWR 带宽超过 40km 时，图 3-18 中的曲线均变得平缓，而图 3-19 中的曲线仍处于上升趋势，因此选择 40km 作为 GWR 的分析尺度，以清晰揭示空间信息并保证回归精度。基于同样的分析方法，选择 40km 作为生物温度与 NDVI 相关关系及 PETR 与 NDVI 相关关系的 GWR 模型模拟带宽，选择 120km 作为降水量与 NDVI 相关关系的 GWR 模型模拟带宽。

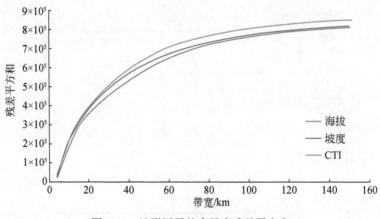

图 3-19　地形因子的多尺度残差平方和

3.4.2　NDVI 与环境因子相关关系的空间格局

从表 3-3 可知 NDVI 与海拔之间具有显著的负相关性（$r=-0.392$，$p<0.01$）。然而，图 3-20（a）显示 NDVI 与海拔的相关关系的空间格局在研究区范围内存在明显的差异性，并且正负相关性并存。负相关性主要位于研究区的西北部和南部。研究区的东北部和中部体现为 NDVI 与海拔的较强的正相关性，说明在这些区域海拔的升高或降低能引起 NDVI 更多的增加或减少。NDVI 与海拔的局部决定系数的空间格局同样存在明显的差异性 [图 3-20（b）]。从这两幅图还可发现，较大的局部决定系数与较强的正相关性空间分布比较一致。

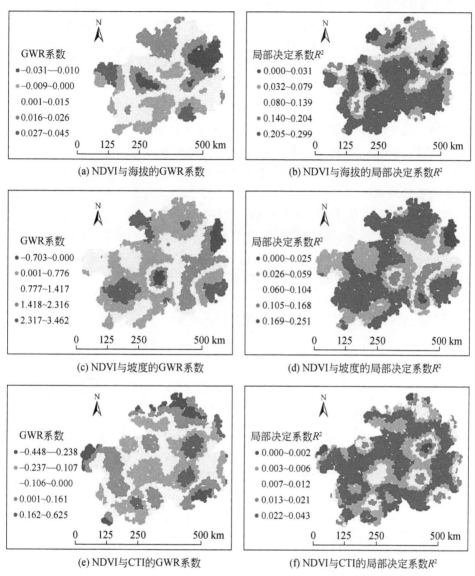

图 3-20　NDVI 与地形因子的 GWR 系数与局部决定系数 R^2 的空间格局

　　同样，对 NDVI 和坡度的相关关系而言，GWR 模型结果显示了研究区内分别存在正相关性和负相关性区域 [图 3-20（c）]。较强的正相关性位于研究区的中部和东部，而负相关性位于研究区的西部、东南部和东北部。局部决定系数同样随空间位置而变化。在较强的正相关性分布区域，坡度能解释 NDVI 空间变化的比例为 10% ~ 25%。

在 GWR 模型计算结果中，NDVI 与 CTI 的局部相关关系非常微弱［图 3-20 (f)］。此外 GWR 模型还计算正相关系数和负相关系数，并显示出它们的空间非平稳性［图 3-20 (e)］。在研究区的西部、东北部和东南部，NDVI 与 CTI 正相关性较强，在研究区的东部负相关性较强。同时，较大的局部决定系数与较强的负相关性的空间分布比较一致。

与表 3-4 中 NDVI 与所有气候因子呈现单一显著相关性不同的是（生物温度：$r = 0.245$，$p<0.01$；降水量：$r = 0.434$，$p<0.01$；PETR：$r = -0.058$，$p<0.01$），GWR 结果均表现出正相关性和负相关性并存，并显现出较清晰的空间格局。从 GWR 模型中获得的 NDVI 与生物温度的正相关性位于研究区的西部和南部，并伴随着较低的局部决定系数［图 3-21 (a)，图 3-21 (b)］。较强的负相关性和较高的局部决定系数位于研究区的东部、北部和中部。

图 3-21 (c) 显示，贵州省多数地区都显示了 NDVI 与降水量的正相关关系，负相关性主要位于研究区的西南部。局部决定系数同样随空间位置而变化［图 3-21 (d)］，其中研究区的西部和东部具有较高的局部决定系数，降水量能够解释 20% 左右的 NDVI 空间变化，具体表现为在全区范围内，大多数栅格的回归模拟系数具有相同的正负相关性。

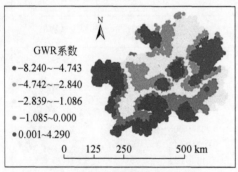

(a) NDVI 与生物温度的 GWR 系数

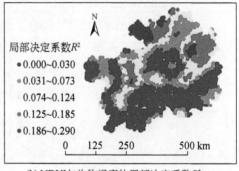

(b) NDVI 与生物温度的局部决定系数 R^2

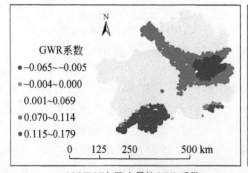

(c) NDVI 与降水量的 GWR 系数

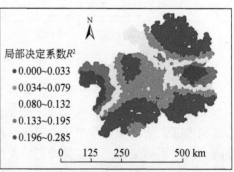

(d) NDVI 与降水量的局部决定系数 R^2

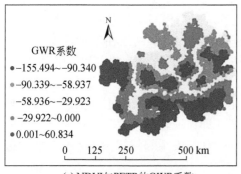

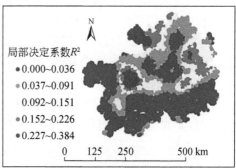

(e) NDVI 与 PETR 的 GWR 系数   (f) NDVI 与 PETR 的局部决定系数 R^2

图 3-21   NDVI 与气候因子 GWR 模型回归系数与局部决定系数空间格局

NDVI 与 PETR 关系的 GWR 模型回归系数和局部决定系数空间构型 [图 3-21 (e) 和图 3-21 (f)] 与 NDVI 和生物温度的 GWR 结果 [图 3-21 (a)，图 3-21 (b)] 非常类似。究其原因，可能是 PETR 的计算公式所致，其计算结果受降水量的影响很大。较强的正相关性和较低的局部决定系数位于研究区的西部和南部，较强的负相关性和较高的局部决定系数位于研究区的东部、北部和中部。

3.5　小　　结

本章借助趋势分析、多元线性回归、地理加权回归分析和景观格局分析工具，系统地分析了西南喀斯特地区植被覆盖与气候因子和土地利用景观破碎化及其他多项环境因子的相互关系，对石漠化的监测具有重要意义。通过分析模拟关系的空间变化，可以辨识喀斯特石漠化的热点区和敏感区。

1）NDVI 与温度的相关关系强于降水量，表明温度对西南喀斯特地区植被生长的限制性作用更加明显。在局部相关性上，多元线性回归方法的系数估算呈现显著空间异质性，但大部分地区（70%）的 NDVI 与温度呈正相关；在空间分布上，温度对海拔较高的西北部的影响强于东南部，而温度和降水量对 NDVI 年际变异的影响则表现为东高西低的空间格局。

2）GWR 模型作为一种有效探测空间关系的手段，被应用于揭示 NDVI 与环境因子相关关系的空间非平稳性和空间尺度依存性。结果证实，GWR 模型能够被成功用于模拟 NDVI 与环境变量的空间相关关系。GWR 模型由于能够解释 NDVI 局部变化状况，显著提高了模型模拟能力，降低了空间自相关性。因此，可以认为，使用局部回归方法可以更好地理解 NDVI 和环境变化的相关性。

3）地理数据在如 OLS 的全局模型中的应用往往受其自身空间非平稳性和空间自相关性的影响，因为这两个属性违背了全局模型平稳性和独立性的前提假设，因而会降低模型的模拟效果，并进一步导致回归结果在某种区域不符合实际情况。本章 GWR 结果显示出它们之间的关系具有显著的空间非平稳性。

4）NDVI 与环境因子的空间非平稳关系呈现出明显的尺度依存性。本研究通过 GWR 模型的多尺度模拟，探讨了空间非平稳关系在多尺度上的关联性和差异性，并据此判定 GWR 模型回归的分析尺度（即保证较高精度和保存充足信息的 GWR 带宽），进而可构建植被覆盖研究中的空间关系邻域尺度 GWR 模拟构造范式。

参 考 文 献

李灿, 张凤荣, 朱泰峰, 等. 2013. 大城市边缘区景观破碎化空间异质性——以北京市顺义区为例. 生态学报, 33（17）: 5363-5374.

刘建刚, 谭徐明, 万金红, 等. 2011. 2010 年西南特大干旱及典型场次旱灾对比分析. 中国水利,（9）: 17-19, 42.

孙红雨, 王长耀, 牛铮, 等. 1998. 中国地表植被覆盖变化及其与气候因子关系——基于 NOAA 时间序列数据分析. 遥感学报, 2（3）: 204-210.

王远飞, 何洪林. 2007. 空间数据分析方法. 北京: 科学出版社.

邬建国. 2000. 景观生态学——格局、过程、尺度与等级. 北京: 高等教育出版社.

Brunsdon C, Fotheringham A S, Charlton M. 1996. Geographically weighted regression: a method for exploring spatial nonstationarity. Geographical Analysis, 28（4）: 281-298.

Brunsdon C, Fotheringham A S, Charlton M. 1998. Geographically weighted regression: modelling spatial non-stationarity. Journal of the Royal Statistical Society Series D: The Statistician Staistician, 47: 431-443.

Charlton M, Fotheringham A S, Brunsdon C. 2003. GWR 3: Software for geographically weighted regression. Spatial Analysis Research Group, Department of Geography. England: University of Newcastle upon Tyne.

Gao J B, Li S C. 2011. Detecting spatially non-stationary and scale-dependent relationships between urban landscape fragmentation and related factors using geographically weighted regression. Applied Geography, 31（1）: 292-302.

Hijmans R J, Cameron S E, Parra J L, et al. 2005. Very high resolution interpolated climate surfaces for global land areas. International Journal of Climatology, 25: 1965-1978.

Huang Q H, Cai Y L. 2007. Spatial pattern of Karst rock desertification in the Middle of Guizhou Province, Southwestern China. Environmental Geology, 52（7）: 1325-1330.

Irvin B J, Ventura S J, Slater B K. 1997. Fuzzy and isodata classification of landform elements from digital terrain data in Pleasant Valley, Wisconsin. Geoderma, 77: 137-154.

Jiang D J, Zhang H, Zhang Y, et al. 2014. Interannual variability and correlation of vegetation cover and precipitation in Eastern China. Theoretical and Applied Climatology, 118 (1/2): 93-105.

Li Z X, He Y Q, An W L, et al. 2011. Climate and glacier change in southwestern China during the past several decades. Environmental Research Letters, 6 (4): 45404-45427.

Lu A G. 2011. Precipitation effects on temperature: a case study in China. Journal of Earth Science, 22 (6): 792-798.

Osborne P E, Foody G M, Suárez-Seoane S. 2007. Non-stationarity and local approaches to modeling the distributions of wildlife. Diversity Distribution, 13: 313-323.

Peng S S, Piao S L, Ciais P, et al. 2010. Change in winter snow depth and its impacts on vegetation in China. Global Change Biology, 16 (11): 3004-3013.

Piao S L, Cui M D, Chen A P, et al. 2011a. Altitude and temperature dependence of change in the spring vegetation green-up date from 1982 to 2006 in the Qinghai-Xizang Plateau. Agricultural and Forest Meteorology, 151 (12): 1599-1608.

Piao S L, Wang X H, Ciais P, et al. 2011b. Changes in satellite-derived vegetation growth trend in temperate and boreal Eurasia from 1982 to 2006. Global Change Biology, 17 (10): 3228-3239.

Propastin P. 2009. Spatial non-stationarity and scale-dependency of prediction accuracy in the remote estimation of LAI over a tropical rainforest in Sulawesi, Indonesia. Remote Sensing of Environment, 113: 2236-2242.

Sheskin D J. 2007. Handbook of Parametric and Nonparametric Statistical Procedures (4th). Boca Raton: Chapman & Hall/CRC.

Wu J. 2004. Effects of changing scale on landscape pattern analysis: scaling relations. Landscape Ecology, 19 (2): 125-138.

Yang X, Wang M X, Huang Y, et al. 2002. A one-compartment model to study soil carbon decomposition rate at equilibrium situation. Ecological Modelling, 151: 63-73.

|第4章| 喀斯特土壤侵蚀动态模拟 与空间归因

　　土壤侵蚀是全球性的环境生态问题（Borrelli et al., 2017；Martinez-Casasnovas et al., 2016），严重制约着社会经济的可持续发展（Kefi et al., 2011）。土壤侵蚀可导致土地生产力下降、水污染、富营养化、洪水及滑坡等一系列生态问题（Guo et al., 2015；Yao et al., 2016）。确定土壤侵蚀的影响因子是有效管理土壤侵蚀的重要途径。在喀斯特地区，土壤侵蚀是造成石漠化的主要因子（王世杰，2003），复杂的地质结构、多变的地形条件，以及湿润的气候为土壤侵蚀提供了有利的条件（Tian et al., 2016；Feng et al., 2016）。诸多有关喀斯特土壤侵蚀评估、影响因子定量识别的研究在此开展，影响因子包括降水量、地形、植被覆盖、土地利用、土壤性质及其他因子（Yan et al., 2018；许月卿和彭建，2008；郑伟和王中美，2016）。

　　中国是世界上土壤侵蚀最严重的国家之一，全国水蚀和风蚀的面积占国土面积的37%（李智广等，2008）。西南喀斯特地区是水蚀最为严重的区域，土壤侵蚀已成为制约区域发展的首要问题，喀斯特地区特有的地上地下二元水文地质结构、湿润的气候条件及碳酸盐岩基底为土壤侵蚀的内在原因，不合理的人类活动为其外在驱动力，林退、草毁、陡坡开荒加剧了土壤侵蚀，浅薄的土层流失殆尽造成更为严重的石漠化问题（Wang et al., 2004；侯文娟等，2016；张信宝等，2013），进而土地退化、旱涝灾害频发，生态系统几近崩溃。喀斯特石漠化所带来的生态系统服务衰退（Jiang et al., 2014），是制约该区社会经济可持续发展的重大资源环境问题，引起我国政府和科技界的高度关注。基于空间和区域视角，在喀斯特地区开展土壤侵蚀科学评估、定量归因及影响机制研究，明确流域尺度土壤侵蚀影响因子及定量特征，对控制土壤侵蚀、制定石漠化减缓和防治措施具有重要意义，有助于促进石漠化治理及生态恢复理论的完善。

　　中国西南地区喀斯特是全球三大喀斯特集中连片区域中分布面积最大、发育类型最全的区域，包括洼地、锥状和塔状山峰、峡谷、暗河、洞穴等地貌类型（李智广等，2008；Wang et al., 2004）。其中，峰丛洼地是锥状喀斯特景观的典型代表，也是热带、亚热带喀斯特地区最常见的景观类型（侯文娟等，2016）。

喀斯特独特的地质背景、地上地下二元水文地质结构导致地表土层薄且连续性差，水文过程变化较快，水土资源匹配性弱，生态系统抵抗外界干扰能力低、稳定性差（张信宝等，2013；王尧等，2013）。在脆弱的生态环境下，西南喀斯特山区承载力低、人口压力大，人地矛盾尖锐，造成了严重的土壤侵蚀、基岩大面积裸露、土地生产力下降，即石漠化（许月卿和邵晓梅，2006；张信宝等，2007；熊康宁等，2012）。十九大报告在"加快生态文明体制改革，建设美丽中国"部分提出"石漠化、水土流失综合治理"；《全国主体功能区规划》强调了西南喀斯特区的生态屏障作用，并将其列为"重点生态功能区"；已启动实施的《岩溶地区石漠化综合治理工程"十三五"建设规划》旨在加快喀斯特生态系统恢复和建设，提升生态系统服务水平。

本章的科学意义在于基于空间和区域视角，在喀斯特地区开展土壤侵蚀科学评估、定量归因及影响机制研究，明确流域尺度土壤侵蚀因子及定量特征，有助于促进石漠化治理及生态恢复理论的完善。实践意义在于选择喀斯特地区最具代表性的峰丛洼地分布区，深入剖析土壤侵蚀影响因素及权衡关系，可为生态恢复措施的制定提供科学依据，是提升区域社会–经济–生态综合效益、促进山区可持续发展的必要内容。

4.1 研 究 区 域

本研究以贵州省西北部的典型喀斯峰丛洼地流域（三岔河流域主干流）为案例区，该区位于贵州省乌江流域西南部（图4-1），流域面积为4860km²。三岔河为乌江的一级支流，河流全长325.6km。研究区基岩以碳酸盐岩为主，夹杂少量非可溶岩，岩溶作用形成的地上地下二元水文地质结构使得三岔河流域主干流地上河网系统匮乏，地下河网发达。喀斯特多呈垂向发育，存在大面积陡坡，有利于土壤侵蚀的发生。土层浅薄、成土速度慢、土壤生态物理性状差，缺少半风化母质层，土石之间黏着力较低，存在明显的软硬界面，易产生水土流失及土块滑移。三岔河流域主干流属亚热带季风气候区，年均降水量在1100mm左右，雨量充沛且多暴雨，降水量主要集中在5~10月。植物群落单调，森林生态功能大大降低。研究区包含5种地貌类型：中海拔平原、中海拔丘陵、中海拔台地、小起伏中山、中起伏中山。喀斯特地貌地表破碎，耕地分散，且人口众多，人地矛盾突出，不合理的土地利用方式造成了严重的水土流失。

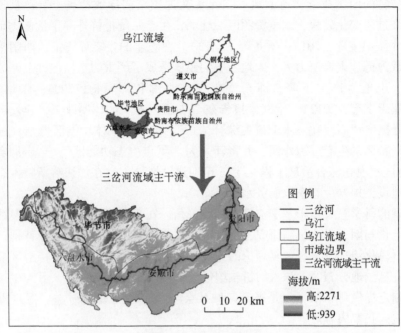

图 4-1 研究区位置

4.2 数据来源与研究方法

4.2.1 数据来源

(1) 土地利用数据

1980～2015 年土地利用数据分辨率为 30m, 包含年份有 1980 年、1990 年、1995 年、2000 年、2005 年、2010 年、2015 年, 数据来源于中国科学院资源环境科学数据中心 (http://www.resdc.cn)。

(2) 土壤机械组成数据

1km 分辨率土壤机械组成数据, 来源于 FAO 和国际应用系统分析研究所 (International Institute for Applied Systems Analysis, IIASA) 建立的世界土壤数据库 (Harmonized World Soil Database Version 1.1, HWSD)。

(3) 地貌、岩性类别数据

研究区域内喀斯特地貌形态类型包括小起伏中山、中起伏中山、中海拔平原、中海拔丘陵及中海拔台地 5 种 (周成虎等, 2009), 岩性类型包括 10 种, 数据来源于中国科学院资源环境科学数据中心。

(4) 地形数据

本研究采用高精度 DEM 数据（分辨率为 9m），数据来源于 Google Earth 影像。

(5) 气象数据

本研究选取三岔河流域主干流及周边地区 28 个气象站点数据，数据来源于国家气象信息中心，使用专业气象插值软件 Anusplin 对气象站点进行插值得到栅格数据。选取气象要素包括降水量、平均温度、最高温度、最低温度、风速、水汽压、湿度、日照时数等。

(6) NDVI 数据

250m 空间分辨率的 NDVI 数据（2000～2015 年）来源于美国地质调查局，用于计算植被覆盖度。

4.2.2　RUSLE 模型

在土壤侵蚀和土地退化日益加剧的背景下，传统的基础研究方法，如径流小区法、降水侵蚀模拟法不能及时获得区域内土壤侵蚀数据，依赖基础研究进行生态治理会导致水土保持措施的滞后性（Zeng et al.，2017），因此模型模拟方法逐渐受到青睐，其中 RUSLE 模型是国际上广为流行的模型之一（Renard et al.，1997），不仅弥补了野外观测在大尺度应用上的局限性，而且适合多尺度的模拟研究（王尧等，2013；Feng et al.，2016），在不同尺度的模拟中取得了较好的应用效果。其数学表达式如下：

$$A = R \times K \times LS \times C \times P \qquad (4\text{-}1)$$

式中，A 为年均土壤侵蚀量，t/hm²；R 为降水侵蚀力，MJ·mm/(hm²·h·a)；K 为土壤可蚀性因子，(t·hm²·h)/(hm²·MJ·mm)；LS 为地形因子，也可称为坡长坡度因子；C 为人为管理因子；P 为水土保持措施因子。其中 LS、C、P 无量纲。

喀斯特地区特有的石漠化现象造成地表岩石裸露，土层浅薄，因此通用的 RUSLE 模型会高估该区域的土壤侵蚀，需要进行修改以提高模型在喀斯特地区的适用性。前人研究表明，土壤侵蚀随着基岩裸露率的增加而减少（王济等，2010），裸露的基岩对雨水具有吸收作用，特别是岩石长期风化后（熊康宁等，2012），且对地表侵蚀具有阻挡作用，降低了地表径流速度（Kheir et al.，2008）。Dai 等（2017）采用人工降水试验模拟，发现表层土壤侵蚀与基岩裸露率之间的相关系数 R 为 -0.076（$p<0.01$），这表明表层土壤侵蚀与基岩裸露率之间的关系

为显著负相关。判定系数 R^2 可以衡量基岩裸露率对土壤侵蚀的贡献程度，判定系数与基岩裸露率的乘积可以解释为基岩裸露率对土壤侵蚀的削弱程度，因此本研究采用判定系数与基岩裸露率的乘积来修正 RUSLE 模型，修正后的 RUSLE 模型如下：

$$A = (1 - 0.076 \times 0.076 \times a) \times R \times K \times LS \times C \times P \qquad (4\text{-}2)$$

式中，a 为石漠化修正系数，其赋值来源于不同石漠化程度的基岩裸露率，详见表 4-1。

表 4-1 不同石漠化程度的土壤侵蚀修正系数

石漠化程度	无	潜在	轻度	中度	强度	极强
基岩裸露率/%	<20	20~30	31~50	51~70	71~90	>90
a	10	25	40	60	80	95

降水因子反映了降水特征对土壤侵蚀的影响，如降水量和降水强度。本研究采用 Renard 和 Freimund（1994）提出的降水侵蚀力的公式来模拟降水侵蚀力，公式如下：

$$R = 0.048\,30P^{1.610} \quad (P \leqslant 850\text{mm}) \qquad (4\text{-}3)$$

$$R = 587.8 - 1.219P + 0.004\,105P^2 \quad (P > 850\text{mm}) \qquad (4\text{-}4)$$

式中，P 为年均降水量；R 为降水侵蚀力。

K 为土壤可蚀性因子，是有关于土壤属性的函数，本研究使用 Williams 等（1989）提出的侵蚀-生产力影响计算器来计算（erosion-productivity impact calculator，EPIC），公式如下：

$$K = \left\{ 0.2 + 0.3\mathrm{e}^{\left[-0.0256W_\mathrm{d}(1-W_\mathrm{i}/100) \right]} \right\} \times \left(\frac{W_\mathrm{i}}{W_\mathrm{i} + W_\mathrm{t}} \right)^{0.3} \times \left[1 - \frac{0.25W_\mathrm{c}}{W_\mathrm{c} + \mathrm{e}^{(3.72-2.95W_\mathrm{c})}} \right] \qquad (4\text{-}5)$$

$$\times \left[1 - \frac{0.7W_\mathrm{n}}{W_\mathrm{n} + \mathrm{e}^{(-5.51+22.9W_\mathrm{n})}} \right]$$

$$W_\mathrm{n} = 1 - \frac{W_\mathrm{d}}{100} \qquad (4\text{-}6)$$

式中，W_d 为砂粒含量，%；W_i 为粉粒含量，%；W_t 为黏粒含量，%；W_c 为有机碳含量，%。

由于喀斯特地区的地上地下二元水文地质结构，LS 因子对 RUSLE 模型较为敏感，考虑到高精度地形数据对喀斯特土壤侵蚀的重要性，本研究采用 Google Earth 提供的 9m 空间分辨率 DEM 作为 LS 因子的基础数据。并选用由 McCool 等（1989）提出、Zhang 等（2013）修正的 LS 计算方法，公式如下：

$$L = \left(\frac{\lambda}{22.13} \right)^{\alpha} \qquad (4\text{-}7)$$

$$\alpha = \left(\frac{\beta}{\beta+1}\right) \tag{4-8}$$

$$\beta = \frac{\sin\theta}{3\times(\sin\theta)^{0.8}+0.56} \tag{4-9}$$

$$S = 10.8\times\sin\theta+0.03 \quad (\theta<9\%，\lambda>4.6\mathrm{m}) \tag{4-10}$$

$$S = 16.8\times\sin\theta-0.5 \quad (\theta\geqslant9\%，\lambda>4.6\mathrm{m}) \tag{4-11}$$

$$S = 3\times\sin\theta^{0.8}+0.56 \quad (\lambda<4.6\mathrm{m}) \tag{4-12}$$

式中，λ 为坡长；α 为可变坡长指数；β 为随坡度变化的系数；θ 为坡度。

人为管理因子（C）和水土保持措施因子（P）的计算目前尚未形成统一的标准，本研究中 C 和 P 因子的计算参考前人在喀斯特地区进行的研究（Feng et al.，2016；许月卿和邵晓梅，2006），C 因子和 P 因子的赋值标准见表4-2。

表4-2 C 值和 P 值

土地利用类型	水田	旱地	有林地	疏林地	灌木林	草地	水域	建设用地	裸岩
C 值	0.1	0.22	0.006	0.01	0.01	0.04	0	0	0
P 值	0.15	0.4	1	1	1	1	0	0	0

RUSLE 模型中各因子数据来源、分辨率有所差异，需对数据进行统一化处理，在 ArcGIS10.2 中将 RUSLE 模型中各因子的空间分辨率统一为 30m，投影坐标统一为 Albers_Conic_Equal_Area。本研究中使用的土地利用数据空间分辨率为30m，以此为基准分辨率；将9m 分辨率的 LS 因子尺度上推为 30m；由于 1km 空间范围内的降水量差异较小，尤其是年和月尺度，因此将插值后 1km 分辨率的降水量降尺度为 30m 是可行的；土壤类型在 1km 范围内空间异质性较低，且 K 因子数值较小，因此将其尺度下推为 30m，不影响其精度。

4.2.3 地理探测器

地理探测器是一种通过探测要素的空间分异性来揭示其背后驱动力的方法，在该研究中地理探测器方法将用来探究土壤侵蚀及产流量空间分布的主导因子、主导交互作用、侵蚀高风险区域及因子分层组合数的大小。空间分异性是指层内方差之和小于层间总方差的现象，其大小由地理探测器的 q 值来衡量（王劲峰和徐成东，2017）。该方法主要应用于空间分异性的影响因素识别与作用机制的研究（李佳洺等，2017），影响因素通常是类别变量，这一特点对土壤侵蚀的探测十分重要。地理探测器包括 4 个模块：因子探测器、风险探测器、交互作用探测器、生态探测器。

因子探测器探测因变量的空间分异性，以及自变量对因变量的解释力，其大小由地理探测器的 q 值来衡量（Wang et al., 2010），公式如下：

$$q = 1 - \frac{\sum_{h=1}^{L} N_h \sigma_h^2}{N\sigma^2} = 1 - \frac{\text{SSW}}{\text{SST}} \tag{4-13}$$

$$\text{SSW} = \sum_{h=1}^{L} N_h \sigma_h^2 \tag{4-14}$$

$$\text{SST} = N\sigma^2 \tag{4-15}$$

式中，$h = 1, 2, \cdots, L$ 为自变量 X 的分层；N_h 和 N 为层内和区域内的单元数；σ_h^2 和 σ^2 分别为层 h 的方差和单元总方差；SSW 为层内方差之和；SST 为区域总方差；q 为自变量对因变量的解释力，$q \in [0, 1]$，q 值越接近于 1，表示自变量对因变量的解释力越强，根据 q 值大小可识别土壤侵蚀的主导因子。q 值的一个简单变换满足非中心分布，地理探测器软件可对 q 值显著性做出检验（王劲峰和徐成东，2017）。

生态探测器可比较影响因子对土壤侵蚀空间分布的影响是否有显著差异，使用 F 检验度量（王劲峰和徐成东，2017）；交互作用探测器是地理探测器相对于其他统计方法的最大优势，可用来探测双变量间的交互作用，通过对比单因子 q 值及双因子 q 值的大小可判断两因子间交互作用的方向及方式，该方法对相互作用的假设不仅限于传统统计学方法，如 Logistic 回归假设的相乘关系，而是只要有交互作用就能够被检测出来，交互作用方式判断依据见表 4-3；风险探测器可判断影响因子的层间土壤侵蚀量是否有显著差别，并识别土壤侵蚀高风险区域。

表 4-3   自变量对因变量的交互作用方式

判断依据	交互作用
$q(X_1 \cap X_2) < \text{Min}[q(X_1), q(X_2)]$	非线性减弱
$\text{Min}[q(X_1), q(X_2)] < q(X_1 \cap X_2) < \text{Max}[q(X_1), q(X_2)]$	单因子非线性减弱
$q(X_1 \cap X_2) > \text{Max}[q(X_1), q(X_2)]$	双因子增强
$q(X_1 \cap X_2) = q(X_1) + q(X_2)$	独立
$q(X_1 \cap X_2) > q(X_1) + q(X_2)$	非线性增强

地理探测器的输入变量要求为类别数据，需对连续型变量做离散化处理。本研究中主要选取的影响因子有土地利用类型、坡度、海拔、降水量、植被覆盖度、岩性及地貌。使用 ArcGIS10.2 中的渔网点功能将栅格数据提取到点，采样间距为 500m，共提取 19 686 个点，作为地理探测器的运行数据。针对不同地貌形态类型区，土壤侵蚀影响因子采取一致的分层方法，确保在同样空间分层条件

下探究因子对土壤侵蚀的影响，保证了不同地貌形态类型区之间结果的可比较性。

4.3 喀斯特土壤侵蚀空间梯度分析

2015 年三岔河流域主干流的土壤侵蚀量的范围为 0~130.87t/hm²，均值为 12.55t/hm²，该数值与 Feng 等（2016）应用¹³⁷Cs 方法得到的广西喀斯特峰丛洼地土壤侵蚀结果较为一致。此外，Zeng 等（2017）应用 RUSLE 模型模拟贵州省印江县土壤侵蚀，得到 2013 年土壤侵蚀量为 18.84t/hm²，Febles-Gonzalez 等（2015）在古巴哈瓦那喀斯特地区进行土壤侵蚀模拟，结果为 12.3~13.7t/hm²，与本研究的土壤侵蚀模拟结果较为接近。三岔河流域主干流土壤侵蚀具有空间异质性（图4-2），流域中游的土壤侵蚀较下游、上游严重。

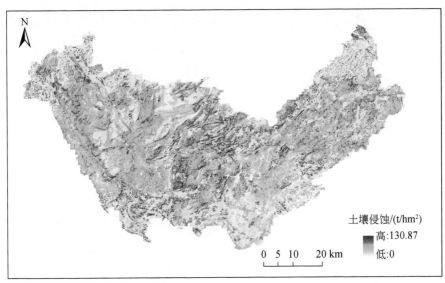

图 4-2   2015 年三岔河流域主干流土壤侵蚀空间分布

如图4-3 所示，使用未修正的 RUSLE 模型模拟土壤侵蚀量，随着石漠化程度的加剧，土壤侵蚀量呈现上升趋势，尤其是潜在石漠化至强度石漠化程度内呈现显著上升趋势。中度石漠化、强度石漠化、极强度石漠化平均土壤侵蚀量分别为 13.90t/（hm²·a）、16.38t/（hm²·a）、13.31t/（hm²·a），自中度石漠化到强度石漠化土壤侵蚀量增加了 2.48t/（hm²·a），增长率为 17.8%，自中度石漠化到极强度石漠化土壤侵蚀量减少了 0.59t/（hm²·a），减少率为 4.2%。然而，在强度、极强度石漠化喀斯特地区，地表土层浅薄，实际土壤侵蚀量微弱，由于喀斯特地区石漠化严重，地表土层薄等特征，未经修正的 RUSLE 模型在喀斯特地区模拟土壤侵蚀量时存在一定的误差。使用修正后的 RUSLE 模型模拟土壤侵蚀量，结果表明随着石漠化程度的加深，土壤侵蚀量呈现下降趋势，该结果与 Zeng 等 (2017) 的研究结果较为一致。中度、强度、极强度石漠化地区平均土壤侵蚀量为 $9.56t/(hm^2 \cdot a)$、$9.40t/(hm^2 \cdot a)$、$6.33t/(hm^2 \cdot a)$，自中度石漠化到强度石漠化土壤侵蚀量降低了 $0.16t/(hm^2 \cdot a)$，减少率为 1.67%，自中度石漠化到极强度石漠化土壤侵蚀量降低了 $3.23t/(hm^2 \cdot a)$，减少率为 33.79%。综上，修正后的 RUSLE 模型能够反映出无土可流的特点，与现实情况更加贴近。

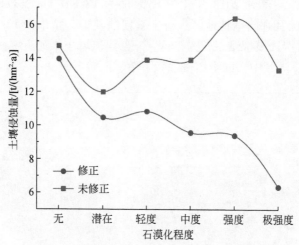

图 4-3　模型修正前后不同石漠化程度土壤侵蚀量

4.3.1　土壤侵蚀单变量空间梯度分析

贵州地区山地分布较广，平原区较少，尽管喀斯特地表有较好的植被覆盖，但陡峭的地形造成了严重的水土流失。图 4-4（a）显示在研究区 5 种地貌类型组成中，小起伏中山的土壤侵蚀量最高，为 $13.28t/(hm^2 \cdot a)$，中海拔台地的土壤侵蚀量最低，为 $7.03t/(hm^2 \cdot a)$，其次是中海拔平原，土壤侵蚀量为 $7.26t/(hm^2 \cdot a)$。山地丘陵区土壤侵蚀量高于平原台地区。如图 4-4（b）所示，在三岔河流域主干流的 10 种岩性中，白云岩夹层土壤侵蚀量最高，达到了 $18.73t/(hm^2 \cdot a)$，相反，灰岩与白云岩互层、白云岩土壤侵蚀量偏低，分别是 $10.35t/(hm^2 \cdot a)$、$10.53t/(hm^2 \cdot a)$。白云岩的土壤侵蚀量要低于石灰岩。

图 4-5 显示随着海拔的升高，土壤侵蚀量呈现出先增加后减小的趋势，在 1600~1800m 处达到最高值。该现象与人类活动密切相关，对海拔和土地利用类

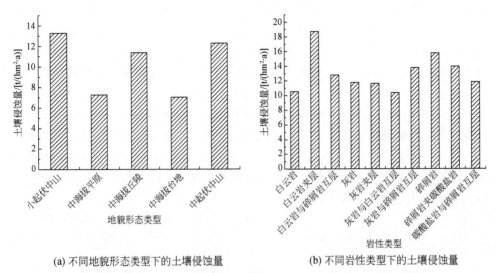

(a) 不同地貌形态类型下的土壤侵蚀量　　(b) 不同岩性类型下的土壤侵蚀量

图 4-4　三岔河流域主干流不同地貌形态、岩性类型下的土壤侵蚀量

型数据进行叠加分析发现，海拔为 1600～1800m 的地区，人类活动较为强烈，超过这一范围，随着海拔的上升，耕地面积逐渐减少，林地面积增加，于是土壤侵蚀下降。随着坡度的上升，三岔河流域主干流的土壤侵蚀量呈上升趋势，当坡度达到 25～30° 时，上升趋势减缓。

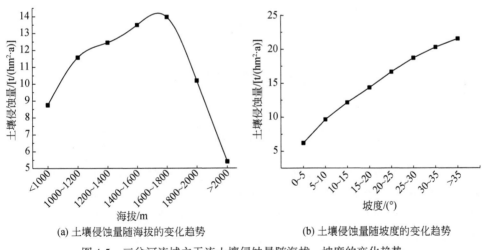

(a) 土壤侵蚀量随海拔的变化趋势　　(b) 土壤侵蚀量随坡度的变化趋势

图 4-5　三岔河流域主干流土壤侵蚀量随海拔、坡度的变化趋势

图 4-6（a）显示旱地的土壤侵蚀量最大，旱地区域的土壤侵蚀量均值为 24.51t/（hm²·a），其中陡坡耕地是旱地土壤侵蚀量大的直接原因，不同土地利

用类型下土壤侵蚀量的大小排序为旱地>草地>疏林地>水田>灌木林>有林地>未利用地>水体>建筑用地，其中旱地和草地土壤侵蚀量大于 10t/（hm²·a），其余土地利用类型土壤侵蚀量均小于 5t/（hm²·a）。因此将旱地或草地转化为林地、灌木林和疏林地有利于土壤保持。如图4-6（b）所示，随着植被覆盖度的上升，土壤侵蚀量呈现先增加后减小的趋势，与王尧等（2013）以乌江流域为研究区得到的研究结果较为一致，原因为当植被覆盖度小于 0.5~0.6 时，土壤侵蚀表现为源限制，即随着植被覆盖度的升高，植被土层覆盖增加，土壤侵蚀的源物质增多，土壤侵蚀量增加，当植被覆盖度大于 0.5~0.6 时，土壤侵蚀表现为传输限制，随着植被覆盖度的升高，地表植被有效截留降水，根系固结土壤，因此随着植被覆盖度的上升，土壤侵蚀量减小。

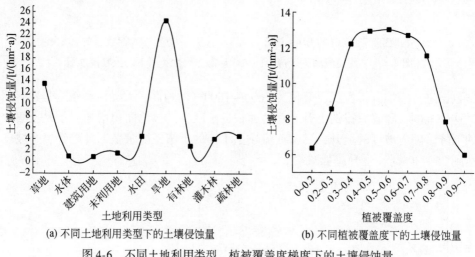

(a) 不同土地利用类型下的土壤侵蚀量　　　　(b) 不同植被覆盖度下的土壤侵蚀量

图4-6　不同土地利用类型、植被覆盖度梯度下的土壤侵蚀量

4.3.2　土壤侵蚀双变量交互影响下的空间梯度分析

图4-7（a）显示不同土地利用类型和坡度下的土壤侵蚀量不同。对所有土地利用类型，土壤侵蚀量随着坡度的增加而增加。旱地是最易受侵蚀的土地利用类型，随着坡度的增加，这种土地利用类型的土壤侵蚀量急剧增加。图4-7（b）显示坡度为 10°~15° 的旱地土壤侵蚀程度高于坡度为 35° 的水田、有林地、灌木林、疏林地。随着坡度的增加，草地的土壤侵蚀量增加较为明显。不同梯度的降水量与坡度的叠加对土壤侵蚀的影响较为复杂，坡度在 35° 以上时，土壤侵蚀量最高，降水量介于 1229~1262mm 时，随着坡度的增加，不同梯度的降水条件下土壤侵蚀量增加明显。

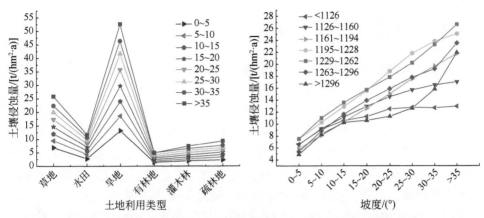

图 4-7　土地利用与坡度、坡度与降水量交互作用下的土壤侵蚀量

4.4　不同地貌类型区土壤侵蚀定量归因

　　三岔河流域主干流土壤侵蚀具有空间异质性（图 4-2），流域上中游的土壤侵蚀较下游严重。由表 4-4 可知，不同地貌形态类型分布区的地理环境因子也具有空间异质性，山地丘陵区平均坡度较大，平原、台地区平均坡度较小；中起伏中山区的平均海拔显著高于其他地区，降水量则相反；耕地主要集中于小起伏中山、中起伏中山、中海拔丘陵区，陡坡耕地主要分布于小起伏中山及中起伏中山区（由于喀斯特地区生态环境的脆弱性，将坡度大于 15°视为陡坡耕地）。不同地貌形态类型土壤侵蚀量均值差异显著，受坡度、降水量及人类活动影响的小起伏中山区平均土壤侵蚀量最大，中起伏中山次之，中海拔台地区土壤侵蚀量最小。

表 4-4　不同地貌形态类型土壤侵蚀量及地理环境因子统计

地貌形态类型	土壤侵蚀量 /[t/(hm² · a)]	坡度 /(°)	降水量 /mm	海拔 /m	耕地面积 /km²	陡坡耕地 面积/km²	区域总 面积/km²
中海拔平原	7.26	4.80	1291.39	1256.51	18.12	0.68	98.30
中海拔台地	7.03	3.97	1280.95	1445.74	19.49	0.37	99.64
中海拔丘陵	11.39	11.00	1246.97	1383.46	159.20	30.03	717.72
小起伏中山	13.28	14.91	1223.49	1482.15	657.71	230.60	3016.14
中起伏中山	12.28	16.34	1171.30	1775.38	189.24	82.58	928.89

4.4.1 土壤侵蚀的主导影响因子

因子探测器的运行结果表明，不同地貌形态类型下土壤侵蚀的主导影响因子及其解释力有显著差异（表4-5）。影响因子的作用显著性受地貌形态类型区域内部特征影响，如海拔因子在中海拔台地区对土壤侵蚀的解释力不显著，但在中起伏中山区却高达0.129%；土地利用类型对土壤侵蚀空间分布的解释力显著高于其他影响因子，各地貌形态类型均达到0.41%以上，中海拔平原甚至高达0.55%；坡度对土壤侵蚀的解释力呈现如下规律：在山地丘陵区，随着地形起伏度的上升解释力下降，具体表现为 q 值在山地丘陵区的排序为中海拔丘陵>小起伏中山>中起伏中山，在平原、台地等相对平坦的地区，中海拔平原的 q 值大于中海拔台地；降水量对土壤侵蚀的解释力在不同地貌形态类型中相差悬殊。生态探测器显示，中海拔平原、中海拔台地区土地利用类型对土壤侵蚀空间分布的影响显著区别于其他因子；中海拔丘陵、小起伏中山区土地利用类型及坡度对土壤侵蚀的影响显著区别于其他因子；中起伏中山区土地利用类型、海拔对土壤侵蚀的影响显著区别于其他因子。

表4-5 不同地貌形态类型影响因子 q 值统计

地貌形态类型	土地利用类型	坡度	降水量	岩性	植被覆盖度	海拔
中海拔平原	0.550	0.171	0.066	0.050	0.069	0.019
中海拔台地	0.511	0.159	0.044	0.008	—	—
中海拔丘陵	0.417	0.193	0.091	0.027	0.026	0.006
小起伏中山	0.478	0.109	0.012	0.026	0.007	0.005
中起伏中山	0.526	0.098	0.027	0.022	0.028	0.129

4.4.2 土壤侵蚀影响因子的交互作用

交互作用探测结果表明5种地貌形态类型区，影响因子两两交互作用均会增强对土壤侵蚀的解释力。不同地貌形态类型内主导交互作用类型有差异，将解释力排在前三位的交互作用方式进行统计，统计结果见表4-6。不同地貌类型区，交互作用解释力排在第一位的均为土地利用类型与坡度的协同作用，是土壤侵蚀的显著控制因子，解释力均高于0.63，意味着坡度不同的土地利用类型或坡度相同的不同土地利用类型间土壤侵蚀差异大，如25°的陡坡耕地和5°的坡耕地，或25°的陡坡耕地和25°的林地间土壤侵蚀量相差悬殊。不同地貌形态类型，第二、第三主导交互作用均为土地利用类型叠加某一影响因子，但存在差异（表 4-6）。此外，坡度与降水的叠加可大大增加单因子对土壤侵蚀的解释力，表现为非线性增强，5 种地貌形态类型中解释力最高可达 0.253，最低为 0.125。

表 4-6　不同地貌形态类型区土壤侵蚀影响因子交互作用探测

地貌形态类型	中海拔平原	中海拔台地	中海拔丘陵	小起伏中山	中起伏中山
主导交互作用 1	土地利用∩坡度	土地利用∩坡度	土地利用∩坡度	土地利用∩坡度	土地利用∩坡度
q	0.709	0.638	0.653	0.674	0.708
主导交互作用 2	土地利用∩岩性	土地利用∩植被覆盖度	土地利用∩岩性	土地利用∩岩性	土地利用∩植被覆盖度
q	0.633	0.536	0.442	0.513	0.549
主导交互作用 3	土地利用∩降水量	土地利用∩降水量	土地利用∩植被覆盖度	土地利用∩植被覆盖度	土地利用∩海拔
q	0.620	0.535	0.440	0.502	0.541

4.4.3　土壤侵蚀高风险区域识别及影响因子的层间土壤侵蚀量差异性判别

由因子探测器及交互作用探测器可知，影响因子及其组合的交互作用对土壤侵蚀空间分布的解释力不同，运行风险探测器模块可探测土壤侵蚀空间分布特征，识别出土壤侵蚀高风险区域（置信水平为 95%）（表 4-7），并判断影响因子的层间土壤侵蚀量差异是否显著，进而可统计有显著差异的分层组合数的比例（表 4-8）。不同地貌形态类型土壤侵蚀高风险区域差异明显（表 4-7），在小起伏中山、中海拔丘陵区，土壤侵蚀量随着坡度的上升而上升，在其余 3 种地貌形态类型中，坡度与土壤侵蚀的关系存在拐点，即为表 4-7 中坡度的高风险区域；旱地的土壤侵蚀最为严重，但不同地貌形态类型下平均侵蚀量有差异；三岔河流域主干流的土壤侵蚀量随植被覆盖度的变化特征不同于其他地区，而是存在一个临界值，低于这个临界值，土壤侵蚀量随植被覆盖度的上升而增加，高于这个临界值，土壤侵蚀量随植被覆盖度的上升而减少。地质条件是土壤侵蚀发生的背景，不同岩性的土壤侵蚀量与其所处的地貌区的气候、地形及人为因素有关，在不同地貌形态类型区内，发生最大土壤侵蚀的岩性均不相同；海拔与土壤侵蚀的空间分布不具备显著的正向或负向相关关系，达到土壤侵蚀量最大值的海拔区间亦不相同。不同地貌形态类型中各影响因子的层间土壤侵蚀量有显著差异的分层组合数的比例相差悬殊（表4-8），土地利用类型在不同地貌形态类型中的层间差异最大，具有显著差异的分层组合数的比例达到67.86%以上；坡度的层间差异在小起伏中山、中起伏中山、中海拔丘陵等平均坡度较大地区远大于中海拔台地、中海拔平原等平均坡度较小地区；降水量及海拔的层间差异在中海拔平原区达到100%；岩性及植被覆盖度的层间差异均较低。

表4-7　不同地貌形态类型土壤侵蚀高风险区域及其平均值

地貌形态类型	中海拔平原	中海拔台地	中海拔丘陵	小起伏中山	中起伏中山
坡度/（°）	15~20	15~20	>35	>35	30~35
平均值/[t/（hm²·a）]	17.18	19.03	23.59	22.81	18.94
土地利用类型	旱地	旱地	旱地	旱地	旱地
平均值/[t/（hm²·a）]	19.27	16.39	20.39	25.69	26.07
植被覆盖度	0.7~0.8	0.8~0.9	0.8~0.9	0.7~0.8	0.5~0.6
平均值/[t/（hm²·a）]	10.33	10.54	13.32	13.44	15.75
岩性	灰岩与碎屑岩互层	灰岩夹层	碎屑岩	碎屑岩	白云岩
平均值/[t/（hm²·a）]	16.70	11.30	19.76	15.90	19.31
海拔/m	1000~1200	1400~1600	1400~1600	1400~1600	1200~1400
平均值/[t/（hm²·a）]	9.66	7.44	12.24	13.73	17.35

表4-8　各影响因子的层间土壤侵蚀量有显著差异的分层组合数的比例

（单位:%）

影响因子	中海拔平原	中海拔台地	中海拔丘陵	小起伏中山	中起伏中山
土地利用类型	67.86	76.19	85.71	92.86	89.29
坡度	26.67	50.00	89.29	96.43	85.71
降水量	100.00	66.67	60.00	47.62	90.00
海拔	100.00	0	70.00	71.43	55.33
岩性	20.00	0	73.33	73.33	46.67
植被覆盖度	28.57	25.00	66.67	72.22	25.00

4.5　喀斯特土壤侵蚀动态模拟与主导因子辨识

4.5.1　喀斯特土壤侵蚀动态模拟

利用RUSLE模型，结合降水量、土地利用（1980年、1990年、1995年、2000年、2005年、2010年、2015年）、土壤属性、地形数据模拟1980~2015年三岔河流域主干流土壤侵蚀量。研究结果表明三岔河土壤侵蚀量呈下降趋势，尽管如此，喀斯特的土壤侵蚀量远远高于土壤允许流失量及土壤形成速率（白晓永和王世杰 2011；张信宝等，2010）。由图4-8 可知，20 世纪 80 年代、90 年代及21 世纪初的土壤侵蚀量分别为 15.41t/（hm² · a）、15.30t/（hm² · a）、14.04 t/（hm² · a），呈现下降趋势，该结果与贵州水土流失公告结果较为一致。表 4-9 统计了不同土壤侵蚀程度的面积比例，剧烈侵蚀栅格单元较少，面积比例近似于 0，微度、轻度侵蚀面积在过去 30 年中呈现上升趋势，中度、强度、极强度侵蚀所占面积比例呈现下降趋势，表明三岔河流域主干流土壤侵蚀状况有所改善。

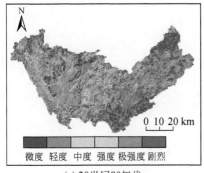
(a) 20世纪80年代

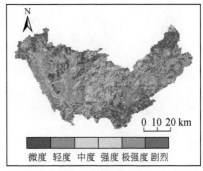
(b) 20世纪90年代

(c) 21世纪初

图 4-8　三岔河流域主干流土壤侵蚀程度

表 4-9　不同土壤侵蚀程度面积比例　　　　　　（单位:%）

时期	微度	轻度	中度	强度	极强度	剧烈
20 世纪 80 年代	26.21	54.87	16.23	2.51	0.18	0.00
20 世纪 90 年代	26.54	54.88	15.89	2.51	0.18	0.00
21 世纪初	29.44	54.94	13.68	1.85	0.09	0.00

受气候、人类活动影响，喀斯特土壤侵蚀量呈现波动下降趋势（图 4-9）。与年平均降水量变化趋势一致，二者相关系数达到了 0.996（$p<0.001$），均呈现出下降趋势，土壤侵蚀量的下降速率为 $0.1227t/(hm^2 \cdot a)$。降水量介于 987 ~ 1513mm，土壤侵蚀量介于 7.97 ~ $19.56t/(hm^2 \cdot a)$。三岔河流域主干流土壤侵蚀量在 20 世纪 80 年代呈现减少趋势，90 年代呈现增加趋势，在 21 世纪初期呈现减少趋势。

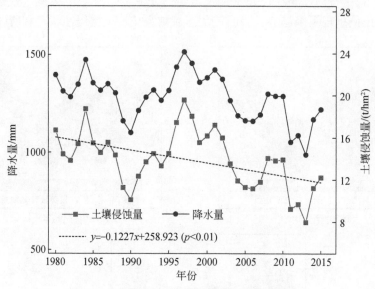

图 4-9　1980 ~ 2015 年土壤侵蚀量及降水量变化

4.5.2　喀斯特土壤侵蚀主导因子识别

受气候波动及人类活动影响，三岔河流域主干流土壤侵蚀变率在不同年代具有不同的空间格局及数值范围。20 世纪 80 年代［图 4-10（a）］及 21 世纪初［图 4-10（c）］研究区大部分区域土壤侵蚀变率为负值，表明土壤侵蚀呈下降趋势，20 世纪 90 年代［图 4-10（b）］研究区大部分区域土壤侵蚀变率为正值，表明土壤侵蚀呈上升趋势，其中三岔河中游的土壤侵蚀变率增加最为显著。如表 4-10 所示，土壤侵蚀变率在不同年代及不同地貌类型区有所差异，1980 ~ 2015 年的土壤侵蚀变率要低于上述 3 个年代的变率值，产生该现象的原因是气候波动的周期性，导致土壤侵蚀量的大小呈现周期性变化趋势，长时间序列能够使土壤侵蚀变率趋于平缓。中海拔台地、中海拔平原等地区的土壤侵蚀变率低于中海拔丘陵、小起伏中山及中起伏中山区。

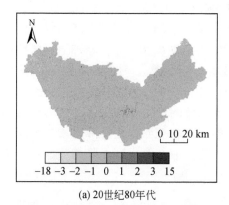
(a) 20世纪80年代

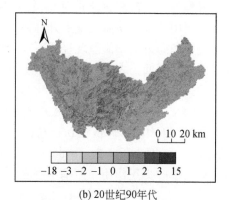
(b) 20世纪90年代

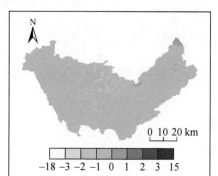
(c) 21世纪初

图 4-10 不同年代土壤侵蚀变率

表 4-10 不同地貌形态类型区平均土壤侵蚀变率

[单位：t/(hm² · a)]

时期	中海拔平原	中海拔台地	中海拔丘陵	小起伏中山	中起伏中山	三岔河流域主干流
20 世纪 80 年代	-0.13	-0.13	-0.20	-0.29	0.35	-0.28
20 世纪 90 年代	0.47	0.37	0.76	0.80	0.79	0.78
21 世纪初	-0.23	-0.17	-0.43	-0.41	-0.57	-0.44
1980~2015 年	-0.07	-0.07	-0.12	-0.12	-0.14	-0.12

4.5.3 喀斯特土壤侵蚀主导因素时间变化

选取典型年份进行喀斯特土壤侵蚀的定量归因，统计因子探测器与交互作用探测器的结果，如图 4-11 （a）所示。因子探测器结果显示，各影响因子对土壤侵蚀解释力大小排序为土地利用类型>坡度>降水量>海拔>岩性>地貌形态类型，且土地利用类型的 q 值呈现上升趋势，坡度、降水量的 q 值呈现下降趋势，地貌形态类型和海拔的 q 值呈现轻微下降趋势。人类活动因子的 q 值增加，自然环境因子的 q 值降低，表明人类活动对土壤侵蚀的影响在增大。图 4-11（b）为土壤侵蚀的交互作用因子随时间的变化趋势，排在第一位的交互作用为坡度与土地利用类型的交互作用，q 值在 0.8 左右，排在第二位的交互作用为降水量与土地利用类型的交互作用，q 值在 0.6 左右，排在第三位的交互作用为降水量与坡度的交互作用，q 值小于 0.2。降水量与坡度的交互作用 q 值呈现下降趋势，其余两个主导因子的交互作用 q 值基本不变。

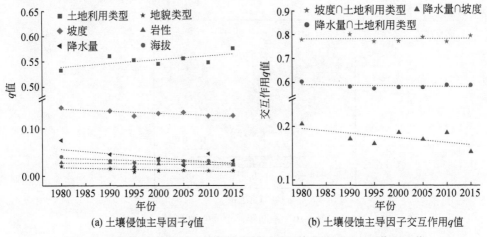

图 4-11　不同年份喀斯特土壤侵蚀主导因子及其主导因子交互作用 q 值

4.6　喀斯特土壤侵蚀变率的驱动因子研究

4.6.1　不同年代喀斯特土壤侵蚀变率归因

喀斯特土壤侵蚀变率在不同时期有所差异。本研究选择了土壤侵蚀的主要驱动因素，包括土地利用类型变化、降水量变化及其与坡度的交互作用，分析土壤侵蚀变率的主导因子。如表 4-11 所示，1980～2015 年，土地利用类型变化是土壤侵蚀的主导影响因子，尽管土地利用类型变化的 q 值呈现下降趋势，但它仍然是 20 世纪 80 年代及 90 年代土壤侵蚀变率的主导因子；土地利用类型变化和坡度的交互作用是主导交互因子。80 年代，大多数地区的土壤侵蚀变率为负，空间异质性较低，54% 的土壤侵蚀变率分布可以用土地利用类型变化来解释。90 年代，土壤侵蚀变率大多数为正，土地利用类型变化是主要的影响因子，10% 的土壤侵蚀变率分布可以用土地利用类型变化来解释。在 21 世纪初，降水量变率和降水量变率与坡度的交互是主导影响因子与主导交互作用影响因子，驱动土壤侵蚀变率为负。土地利用类型与坡度之间交互作用的 q 值减小，而降水量变率与坡度之间的相互作用增加。

表 4-11 喀斯特土壤侵蚀变率影响因子及交互作用 q 值

时期	土地利用类型变化	降水量变率	土地利用类型变化∩坡度	土地利用类型变化∩降水量变率	降水量变率∩坡度
20 世纪 80 年代	0.54	0.07	0.69	0.67	0.11
20 世纪 90 年代	0.10	0.05	0.23	0.16	0.20
21 世纪初	0.07	0.19	0.19	0.27	0.30
1980~2015 年	0.28	0.09	0.40	0.38	0.18

4.6.2 不同地貌形态类型喀斯特土壤侵蚀变率归因

图 4-12 表明在 20 世纪 80 年代，5 种地貌形态类型土壤侵蚀变率的主导驱动因素均为土地利用类型变化，q 值高于 0.53。降水量变率 q 值较小，表明喀斯特土壤侵蚀变率分布主要由土地利用类型变化来解释。主导的交互作用是土地利用类型变化与坡度之间的相互作用，q 值高于 0.65。由于喀斯特地区多山地丘陵区，平原区面积较小，90 年代，中海拔平原区土地利用类型变化不显著，因此土壤侵蚀的主导交互作用是降水量变率，而在其他 4 种地貌形态类型中，土地利用类型变化是土壤侵蚀变率分布的主导因子。在 21 世纪初，在 5 种地貌形态类型中，降水量变率是土壤侵蚀变率的主导因素，土地利用类型变化在中海拔平原、中海拔台地不显著。中海拔平原区的主导交互作用是降水量变率与坡度的交互作用，土地利用类型变化与坡度的交互作用次之；中海拔台地、中海拔丘陵区降水量变率与坡度的交互作用是主导交互作用，土地利用类型变化与降水量变率的交互作用次之；小起伏中山区土地利用类型变化与降水量变率的交互作用是主导交互作用，降水量变率与坡度的交互作用次之；中起伏中山区土地利用类型变化与坡度的交互作用为主导交互作用，降水量变率与坡度的交互作用次之。

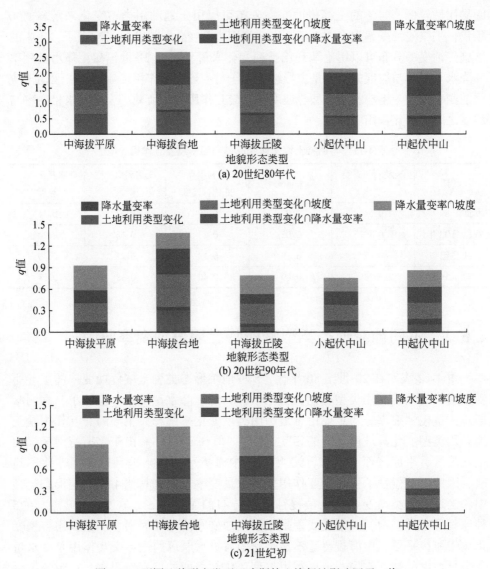

图 4-12　不同地貌形态类型区喀斯特土壤侵蚀影响因子 q 值

4.7　小　　结

地貌形态类型从宏观上控制着地表过程的发生和发展，土壤侵蚀作为一种地表过程，在不同地貌形态类型下的侵蚀特征差异显著。土地利用类型是最为显著的主导因子；坡度对土壤侵蚀的解释力在山地丘陵区，随着地形起伏度的上升呈现下降趋势，这可能是因为在相对陡峭的地区，地形复杂、气候不同、生态脆弱，土壤侵蚀的影响因素更为复杂，因此坡度对土壤侵蚀的空间解释力降低；相比于其他 4 种地貌形态类型，海拔在中起伏中山区对土壤侵蚀的解释力最高，原因为中起伏中山区内部相对高差较大，植被垂直分异性明显，海拔的分层能够体现植被、气候及地形的综合差异；岩性、植被覆盖度在中海拔平原、中海拔台地影响不显著，尽管上述因子在侵蚀发生角度及坡面尺度上都是土壤侵蚀至关重要的影响因子，但在特定地貌形态类型下对土壤侵蚀的控制作用不明显。

地理过程的复杂性往往导致影响因子不是单独起作用，而是共同作用的，其作用耦合程度的探讨仍然是尚未解决的难题。本章基于地理探测器方法对土壤侵蚀进行交互作用的探讨，结果表明坡度与土地利用类型的交互作用是土壤侵蚀的主导交互作用，因此禁止陡坡耕地及退耕还林等措施可有效防治当地的水土流失。坡度与降水量的交互作用显著，在强降雨陡坡地区进行土壤侵蚀防治措施的建设，有利于减缓土壤侵蚀带来的经济损失。

本章基于 RUSLE 模型和地理探测器方法，研究了 1980～2015 年喀斯特土壤侵蚀的变化及其主导因子。1980～2015 年，土壤侵蚀呈现波动下降趋势，影响因子对喀斯特土壤侵蚀的影响在不同年代、不同地貌形态类型区有所差异。土地利用类型是影响喀斯特土壤侵蚀的主导因素，且对土壤侵蚀空间格局分布的主导作用在增强，表明人类活动的影响在加大。影响因子的两两交互作用均能增强对喀斯特土壤侵蚀的解释力，坡度与土地利用类型的交互作用是主导交互因子。受气候波动及人类活动影响，喀斯特土壤侵蚀变化及其主导驱动因子在不同年代、不同地貌形态类型区有所差异。在地形相对平坦的区域，如中海拔平原、中海拔台地等地，土壤侵蚀变率低于山地丘陵区。土地利用类型变化是 20 世纪 80 年代及 21 世纪初土壤侵蚀变率的主导因子，降水量是 90 年代土壤侵蚀变化的主导因子。

参 考 文 献

白晓永，王世杰 . 2011. 岩溶区土壤允许流失量与土地石漠化的关系 . 自然资源学报，26：1315-1322.

侯文娟，高江波，彭韬，等 . 2016. 结构—功能—生境框架下的西南喀斯特生态系统脆弱性研究进展 . 地理科学进展，35（3）：320-330.

李佳洺，陆大道，徐成东，等 . 2017. 胡焕庸线两侧人口的空间分异性及其变化 . 地理学报，72（1）：148-160.

李智广，曹炜，刘秉正，等 . 2008. 我国水土流失状况与发展趋势研究 . 中国水土保持科学，6（1）：57-62.

王济, 蔡雄飞, 雷丽, 等. 2010. 不同裸岩率下我国西南喀斯特山区土壤侵蚀的室内模拟. 中国岩溶, 29 (1): 1-5.

王劲峰, 徐成东. 2017. 地理探测器: 原理与展望. 地理学报, 72 (1): 116-134.

王世杰. 2003. 喀斯特石漠化——中国西南最严重的生态地质环境问题. 矿物岩石地球化学通报, 22 (2): 120-126.

王尧, 蔡运龙, 潘懋. 2013. 贵州省乌江流域土地利用与土壤侵蚀关系研究. 水土保持研究, 20 (3): 11-18.

熊康宁, 李晋, 龙明忠. 2012. 典型喀斯特石漠化治理区水土流失特征与关键问题. 地理学报, 67 (7): 878-888.

许月卿, 彭建. 2008. 贵州猫跳河流域土地利用变化及其对土壤侵蚀的影响. 资源科学, 30 (8): 1218-1225.

许月卿, 邵晓梅. 2006. 基于 GIS 和 RUSLE 的土壤侵蚀量计算——以贵州省猫跳河流域为例. 北京林业大学学报, 28 (4): 67-71.

张信宝, 王世杰, 白晓永, 等. 2013. 贵州石漠化空间分布与喀斯特地貌、岩性、降水和人口密度的关系. 地球与环境, 41 (1): 1-6.

张信宝, 王世杰, 曹建华, 等. 2010. 西南喀斯特山地水土流失特点及有关石漠化的几个科学问题. 中国岩溶, 29 (3): 274-279.

张信宝, 王世杰, 贺秀斌, 等. 2007. 碳酸盐岩风化壳中的土壤蠕滑与岩溶坡地的土壤地下漏失. 地球与环境, 35 (3): 202-206.

郑伟, 王中美. 2016. 贵州喀斯特地区降雨强度对土壤侵蚀特征的影响. 水土保持研究, 23 (6): 333-339.

周成虎, 程维明, 钱金凯, 等. 2009. 中国陆地 1:100 万数字地貌分类体系研究. 地球信息科学学报, 11 (6): 707-724.

Borrelli P, Panagos P, Maerker M, et al. 2017. Assessment of the impacts of clear-cutting on soil loss by water erosion in Italian forests: First comprehensive monitoring and modelling approach. Catena, 149: 770-781.

Dai Q, Peng X, Yang Z, et al. 2017. Runoff and erosion processes on bare slopes in the Karst Rocky Desertification Area. Catena, 152: 218-226.

Febles-González J M, Vega-Carreño M B, Amaral-Sobrinho N M B, et al. 2015. Soil loss from erosion in the nest 50 years in karst regions of Mayabeque province, Cuba. Land Degradation and Development, 25 (6): 573-580.

Feng T, Chen H, Polyakov V O, et al. 2016. Soil erosion rates in two karst peak-cluster depression basins of northwest Guangxi, China: Comparison of the RUSLE model with 137Cs measurements. Geomorphology, 253: 217-224.

Guo Q, Hao Y, Liu B. 2015. Rates of soil erosion in China: a study based on runoff plot data. Catena, 124: 68-76.

Jiang Z, Lian Y, Qin X. 2014. Rocky desertification in Southwest China: Impacts, causes, and restoration. Earth-Science Reviews, 132: 1-12.

Kefi M, Yoshino K, Setiawan Y, et al. 2011. Assessment of the effects of vegetation on soil erosion risk by water: A case of study of the Batta watershed in Tunisia. Environmental Earth Sciences, 64 (3): 707-719.

Kheir R B, Abdallah C, Khawlie A. 2008. Assessing soil erosion in Mediterranean karst landscapes of Lebanon using remote sensing and GIS. Engineering Geology, 99 (3/4): 239-254.

Martinez-Casasnovas J A, Ramos M C, Benites G. 2016. Soil and water assessment tool soil loss simulation at the sub-basin scale in the alt penedes-anoia vineyard region (Ne Spain) in the 2000s. Land Degradation & Development, 27 (2): 160-170.

McCool D K, Foster G R, Mutchler C K, et al. 1989. Revised slope length factor for the universal soil loss equation. Transactions of the ASAE, 32 (5): 1571-1576.

Renard K G, Foster G R, Weesies G A, et al. 1997. Predicting soil erosion by water: a guide to conservation planning with the revised universal soil loss equation (RUSLE) //Dekker M. Handbook of Agriculture. Washington D. C.: USDA.

Renard K G, Freimund J R. 1994. Using monthly precipitation data to estimate the R factor in the revised USLE. Journal of Hydrology, 157 (1/4): 287-306.

Tian Y, Wang S, Bai X, et al. 2016. Trade-offs among ecosystem services in a typical Karst watershed, SW China. Science of the Total Environment, 566: 1297-1308.

Wang J F, Li X H, Christakos G, et al. 2010. Geographical detectors-based health risk assessment and its application in the neural tube defects study of the Heshun region, China. International Journal of Geographical Information Science, 24 (1): 107-127.

Wang S J, Liu Q M, Zhang D F. 2004. Karst rocky desertification in southwestern China: Geomorphology, landuse, impact and rehabilitation. Land Degradation and Development, 15 (2): 115-121.

Williams J R, Jones C A, Kiniry J R, et al. 1989. The EPIC crop growth-model. Transactions of the Asae, 32 (2): 497-511.

Yan Y, Dai Q, Yuan Y, et al. 2018. Effects of rainfall intensity on runoff and sediment yields on bare slopes in a karst area, SW China. Geoderma, 330: 30-40.

Yao X, Yu J, Jiang H, et al. 2016. Roles of soil erodibility, rainfall erosivity and land use in affecting soil erosion at the basin scale. Agricultural Water Management, 174: 82-92.

Zeng C, Wang S, Bai X, et al. 2017. Soil erosion evolution and spatial correlation analysis in a typical karst geomorphology using RUSLE with GIS. Solid Earth, 8 (4): 1-26.

Zhang H, Yang Q, Li R, et al. 2013. Extension of a GIS procedure for calculating the RUSLE equation LS factor. Computers and Geosciences, 52: 177-188.

|第 5 章| 喀斯特生态系统产流服务及空间变异

中国西南地区特殊的地质发育条件及地表地下连通的水文结构造就了脆弱的喀斯特生态系统，在全球变化影响和人类活动干扰下植被退化严重、土壤流失加剧，引发石漠化现象（潘世兵和路京选，2010；李周等，2016），严重阻碍了西南地区的可持续发展和生态文明建设（袁道先，2015）。水土流失是喀斯特地区石漠化的核心问题（白晓永和王世杰，2011），水土保持（土壤水分涵养与土壤保持）对遏制石漠化与推进生态恢复发挥了重要作用。而产流不仅是生态系统水源涵养服务的重要内容，也是保水固土等服务的关键驱动。因此，探讨典型喀斯特地区的产流服务，有助于深入了解喀斯特地区的保水固土规律，可为初步探索产流服务与土壤水土保持服务的权衡关系奠定基础，为石漠化治理和生态恢复提供理论依据。

本章选择典型的喀斯特峰丛洼地流域——三岔河流域主干流（概况详见 3.3 节），基于率定校准的 SWAT 水文模型，对喀斯特流域产流服务（包括地表径流、地下径流及总径流量）进行模拟，并结合空间梯度分析和局部回归模型，剖析不同服务变量的空间变异特征。

5.1　研究数据和方法

5.1.1　喀斯特产流模拟数据

本研究中的产流模拟借助 SWAT 水文模型，需要气象、水文、遥感数据等构建基础数据库。气象资料源于中国气象科学数据共享服务网（http://cdc.cma.gov.cn/home.do）提供的安顺气象站日值数据，包括日平均气温、降水量、平均风速、相对湿度、日照时数等。此外，本研究主要模拟受降水量影响较大的径流，因此选取了三岔河流域主干流内的四个雨量站，包括比德、马场、三塘、齐伯雨量站点。雨量站点数据来源于中国科学院地理科学与资源研究所馆藏资料《中华人民共和国水文年鉴——长江流域乌江区》。气象站点和雨量站点的基本资料如表 5-1 所示。

根据中华人民共和国水文年鉴长江流域资料记载（中华人民共和国水利部水文局），三岔河流域主干流内共有阳长和龙场桥两个水文站，分别位于三岔河的上游和中游地区。鉴于模型校准所需，流域出口处需有水文站点的径流数据，因此选取洪家渡水文站（六冲河流域出口处）和鸭池河水文站（位于六冲河和三岔河汇流处的乌江干流）。《中华人民共和国水文年鉴——长江流域乌江区》中阳长、龙场桥、洪家渡、鸭池河水文站点的逐日、逐月平均流量数据用于 SWAT 模型率定和验证，站点信息如表 5-1 所示。

表 5-1 气象站点、雨量站点及水文站点资料

台站类型	台站名	纬度	经度	海拔/m	水系	时段
气象站点	安顺	26°15′	105°54′	1431	—	
雨量站点	比德	26°34′	105°10′	1500	—	预热期：2006~2007 年 率定期：2008~2010 年 验证期：2011~2013 年
	马场	26°19′	105°33′	1320	—	
	三塘	26°35′	105°33′	1588	—	
	齐伯	26°34′	106°10′	990	—	
水文站点	阳长	26°39′	105°11′	—	三岔河	
	龙场桥	26°23′	105°47′	—	三岔河	
	洪家渡	26°52′	105°52′	—	六冲河	
	鸭池河	26°51′	106°09′	—	乌江	

遥感数据包括数字高程模型（DEM）、土地利用类型、土壤类型与理化性质等，此外还借助归一化植被指数（NDVI）对模型径流模拟结果进行空间统计分析。其中，DEM 数据来自美国地质调查局地球资源观测系统数据中心的 HYDRO1K 数据集，分辨率为 1km。土地利用类型数据为中国科学院资源环境科学数据中心提供的比例尺为 1∶10 万的 2010 年土地利用矢量数据。土壤类型数据源于世界土壤数据库（HWSD），其中土壤属性表主要字段有 FAO 90 土壤分类系统中的名称、土壤参考深度，以及土壤物理（碎石体积百分比、砂粉黏粒含量、有效含水量等）和化学性质（有机碳含量、阳离子交换能力等）。植被覆盖为中分辨率成像光谱仪（moderate resolution imaging spectroradiometer，MODIS）植被指数数据产品（http://ladsweb. nascom. nasa. gov/），时间分辨率为 16d、空间分辨率为 500m 的 NDVI 数据，时间段为 2005~2010 年。该植被覆盖数据主要用于流域主干流地表覆被与产流服务的空间统计关系研究，在空间上三岔河流域主干流 NDVI 呈现西高东低的带状分布格局。

5.1.2 SWAT 半分布式水文模型

(1) SWAT 模型原理及结构

SWAT 模型模拟的水文循环基于各水文变量过程进行:

$$SW_t = SW_0 + \sum_{i=1}^{t} (R_{day} - Q_{surf} - E_a - W_{seep} - Q_{gw}) \tag{5-1}$$

式中, SW_t 为土壤最终含水量 (mm); SW_0 为第 i 天的土壤初始含水量 (mm); t 表示时间 (d); R_{day} 表示第 i 天的降水量 (mm); Q_{surf} 表示第 i 天的地表径流量 (mm); E_a 表示第 i 天的蒸散发量 (mm); W_{seep} 表示第 i 天从土壤剖面进入包气带的水量 (mm); Q_{gw} 表示第 i 天基流回归的水量 (mm)。

与其他水文模型 (分布式和概念模型) 相比, SWAT 模型具有以水文过程为基础、输入数据易获取且运算效率高的特点。例如, MIKE SHE 模型充分考虑水文过程、边界条件和流域集合特征的空间变异性, 但下垫面和水文地质条件的资料收集非常困难 (Mcmichael et al., 2006); TOPMODEL 模型结构简单、优选参数少, 但对水文要素的空间变异性及水文单元的相互联系考虑得不够全面 (Beven et al., 1984)。

SWAT 模型对径流的模拟分不同模块 (地表径流、地下水及河道汇流) 进行。本研究选择较为成熟的 SCS 曲线数法 (经验模型) 模拟地表径流, SCS 曲线数是土壤渗透性、土地利用和前期土壤水分条件的函数, 土壤渗透能力主要根据喀斯特地区不同土壤类型的理化性质计算, 由此可恰当反映该区真实的土壤渗透能力; 不同土地利用方式会通过改变地表蒸发、土壤水分状况及地表覆盖的截流量来影响产流 (吴希媛和张丽萍, 2006), 流域土地利用类型作为输入数据最终反映在 SCS 曲线数值上; 有研究表明喀斯特地区在降水深度达到 40mm 后产生地表径流 (Peng and Wang, 2012), 因此前期土壤水分条件也是典型喀斯特流域地表产流的关键因素。地下径流则分别通过对浅层含水层和深层含水层的水量平衡方程来计算, 基于不同的运动过程计算水量, 各个模块受相应的参数控制。一般来说, 喀斯特地区地下径流的模拟效果受到基流退水常数 (ALPHA_BF, 地下水径流对补给量变化响应的直接指示) 和地下水汇入主河道时浅层含水层的水位阈值 (GWQMN) 等参数的影响较大。

(2) 数据准备及模型构建

A. 模型空间数据库的建立

借助 ArcGIS 将空间数据的坐标系统一为 Krasovsky_1940_Albers, 数据格式为.img。对照 SWAT 模型中的土地利用数据分类将土地利用数据 (栅格) 重分类, 转换为模型规定代码。土壤数据为 1∶100 万的三岔河流域主干流土壤类型图作投影转换，并结合经验科学处理土壤属性表中特殊情况。

B. 模型属性数据的准备

1）土壤数据库：SWAT 数据库中 "USERSOIL" 所需参数主要是土壤理化性质。物理属性包括土壤机械组成、饱和导水率、有效含水量等，化学性质主要包括土壤有机碳含量、电导率等。土层厚度、有机碳含量等可在世界土壤数据库（HWSD）中获取，饱和导水率、有效含水量等可通过软件（SPAW）或经验公式计算得到。

2）气象资料数据库：针对每个气象站点，分别建立逐日降水量、日最高和最低温度、太阳辐射、平均风速及相对湿度的 .DBF 文件；同时，构建各气象站点及雨量站点的地理信息文件（.DBF），以此链接气象站点空间图与气象资料数据库。

3）土地利用及土壤类型索引表：土地利用及土壤类型索引表是将研究区的土地利用及土壤类型空间分布图与 SWAT 属性数据关联。

本研究采用 SWAT 模型，基于水文站点的实测径流数据对模型率定验证，进一步模拟典型喀斯特流域包括总径流量、地表径流量、地下径流量在内的产流服务。

（3）SWAT 模型敏感性分析与参数率定

利用阳长、龙场桥、鸭池河及洪家渡水文站点的实测径流数据进行参数敏感性分析及率定验证。基于模型自带模块，采用 Morris（1991）、Holvoe 等（2005）和 Griensvend 等（2006）提出的 LH-OAT 法进行参数敏感性分析，结合水文站点的实测径流数据，得到表 5-2 的结果。敏感性分析结果表明，对径流量模拟影响较大的参数有控制地表水文过程的土壤水分条件 II 下（一般湿润情况）的 SCS 径流曲线值（CN_2）、土壤水蒸发补偿系数（ESCO）、冠层最大储水量（CANMX），控制地下水文过程的基流退水常数（ALPHA_BF）、地下水延迟系数（GW_DELAY）、地下水汇入主河道时浅层含水层的水位阈值（GWQMN），以及控制主河道汇流的主河道河床有效水力传导度（CH_K_2）。

表 5-2　SWAT 模型的敏感性分析及参数率定

参数		敏感性次序			参数值	
代码	物理意义	模拟过程	阳长	龙场桥	出口	默认范围	参数调整值
CN_2 （.mgt）	土壤水分条件 II 下的 SCS 径流曲线值	地表径流	2	3	5	35 ~ 98	50 ~ 98
SOL_AWC （.sol）	土壤有效含水量	土壤水	9	11	8	0 ~ 1	0.05 ~ 0.16
ALPHA_BF （.gw）	基流退水常数	地下水	5	14	15	0 ~ 1	0.048 ~ 0.5

参数			敏感性次序			参数值	
代码	物理意义	模拟过程	阳长	龙场桥	出口	默认范围	参数调整值
GWQMN (.gw)	地下水汇入主河道时浅层含水层的水位阈值/mm	地下水	7	4	4	0~5000	1000
CH_K$_2$ (.rte)	主河道河床有效水力传导度/(mm/h)	壤中流	6	1	1	0~150	0~25

注：括注内容为模型自带的参数分区

基于敏感性分析的结果及实际的水文过程（Amatya et al., 2011；陈喜等，2014），最终本研究中调整的参数为 CN$_2$、SOL_AWC、ALPHA_BF、GWQMN、CH_K$_2$。校准思路为：①基于流域总水量及地表径流的实测数据，对地表径流和地下径流进行校准，控制参数为 CN$_2$、SOL_AWC、ALPHA_BF 和 GWQMN；②对流量过程线进行校准，涉及的参数有 CH_K$_2$、ALPHA_BF；③遵循先上游后下游测站的顺序对参数进行校准。

（4）SWAT 模型产流服务的率定与验证结果

依照上述方法多次调整参数并进行率定，直至模拟值接近实测值，最终确定本研究的参数范围如表 5-3 所示。其中对于地下径流，通过查阅已有研究对喀斯特地区地下水文过程（补给、径流、排泄）的调查与分析（Amatya et al., 2011；陈喜等，2014），并经过多次调节参数值验证模拟结果的准确性，最终将 ALPHA_BF 调至 0.048~0.5，GWQMN 调至 1000。

进一步基于 2008~2010 年的实测月径流资料，应用 Nash-Sutcliffe 效率 E_{NS}、确定性系数 R^2 及水文过程线的比较作为衡量模型效率的标准，检验率定效果。E_{NS} 越接近 1，表明模拟值越接近实测值；E_{NS} 越偏离 1，表明模拟值越偏离实测值。E_{NS} 的计算公式如下：

$$E_{NS} = 1 - \frac{\sum_{i=1}^{n}(O_i - P_i)^2}{\sum_{i=1}^{n}(O_i - \bar{O})^2} \tag{5-2}$$

$$R^2 = \frac{\sum_{i=1}^{n}(O_i - \bar{O})(P_i - \bar{P})}{\sqrt{\sum_{i=1}^{n}(O_i - \bar{O})^2 \sum_{i=1}^{n}(P_i - \bar{P})^2}} \tag{5-3}$$

式中，O_i 为观测值；$\bar{O}$ 为观测平均值；P_i 为预测值；$\bar{P}$ 为预测平均值。一般认为，E_{NS} 介于 0.5~0.65 的模拟结果是可以接受的；E_{NS} 介于 0.65~0.75 的模拟结果比较好，E_{NS} 在 0.75 以上的模拟结果非常好（Popov，1979）。

表 5-3　2008～2013 年三岔河流域主干流地表径流月模拟结果评价

水文站点	校准期（2008～2010 年）		验证期（2011～2013 年）	
	E_{NS}	R^2	E_{NS}	R^2
阳长	0.70	0.84	0.73	0.93
龙场桥	0.82	0.92	0.90	0.95
流域出口	0.64	0.92	0.50	0.78

　　结果显示，龙场桥水文站点校准期的月平均流量模拟值与实测值吻合较好，E_{NS} 为 0.82，R^2 为 0.92；验证期 E_{NS} 为 0.90，R^2 为 0.95。阳长水文站点在校准期和验证期的模拟值也较贴近实测值，E_{NS} 分别为 0.70 和 0.73，模拟效果较好（表 5-3）。而且，从水文过程线看出（图 5-1），阳长和龙场桥水文站点的实测值与模拟值较吻合。此外，流域出口处的模拟结果，相比龙场桥和阳长水文站点较差。这可能是由于流域出口处的实测径流量以鸭池河和洪家渡水文站点之差来大致估测，引起一部分误差。

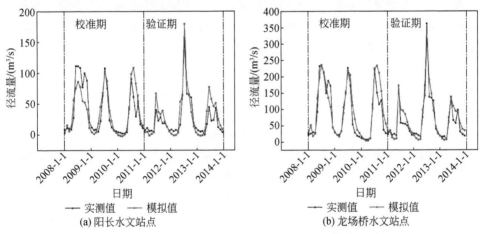

图 5-1　阳长和龙场桥水文站点月平均径流量模拟值与实测值的比较

5.1.3　地理探测器

　　本研究拟应用地理探测器方法，针对喀斯特不同地貌形态类型区进行土壤水分空间异质性的定量归因研究，包括海拔、坡度、降水量及植被覆盖等。方法介绍详见 4.2.3 节。

5.2 三岔河流域主干流产流服务的空间格局

基于 SWAT 模型获取三岔河流域主干流产流服务变量格局，包括总径流量、地表径流、地下径流。此外，由于蒸散发对降水量分配有重要影响（李红军等，2005），本研究对实际蒸散发（ET）的模拟结果一并分析。三岔河流域主干流多年平均总径流量呈现北高南低的分布趋势 [图 5-2（a）]，平均值为 826.4mm。总径流量较高（900～1177mm）的地区主要集中分布于三岔河流域主干流的东部和北部，占据整个流域面积的 22%；三岔河流域主干流南部地区的总径流量相对偏少，主要集中在 500～700mm。三岔河流域主干流的总径流系数达到了 0.7。

三岔河流域主干流的地表径流 [图 5-2（b）] 整体处于较低水平，均值为 276mm，地表径流系数（地表径流量/降水量）为 0.239，且呈现明显的空间异质性。流域主干流 50% 的地区地表径流量主要集中在 0～300mm，南部地区最为突出；东部和北部的小部分地区地表径流量主要集中在 300～938mm。这是由于三岔河流域主干流处于典型的喀斯特地貌区，独特的地上地下二元水文地质结构使得地表水大量漏失至地下。与地表径流量相比，三岔河流域主干流的地下径流量较丰富 [图 5-2（c）]。流域主干流 60%～70% 的地区地下径流量主要集中在 500～700mm，尤其在上游地区绝大多数处于 500mm 以上。

三岔河流域主干流的实际蒸散发量差异不大，大部分地区主要集中在 100～300mm，分布于流域主干流的上游和下游地区 [图 5-2（d）]，占全区面积的 53%；少数地区为 300～500mm，主要分布于中、南部地区。与各径流的空间格局相比，三岔河流域主干流的实际蒸散发分布较均匀，这是由于蒸散发主要受气温、降水量、风速及植被类型的影响（Borba et al.，2012）。基于研究区 DEM 数据统计可得，约 70% 的流域主干流地区海拔集中在 900～1500m，全区气温及风速差距不大；而且植被类型以针叶林和灌丛为主（80% 以上），使得蒸散发的空间异质性不明显。

总之，通过敏感性分析及参数率定，提高了 SWAT 模型在三岔河流域主干流的适用性。SWAT 模拟的多年平均总径流量呈现北高南低的空间格局，流域主干流的总径流系数为 0.7；地表径流量呈现明显的空间异质性，整体处于较低水平；地下径流量丰富，这与典型的喀斯特地貌及其独特的地上地下二元水文地质结构密切相关。随着海拔和坡度的升高，总径流量、地下径流量所占比例提高。植被覆盖状况对产流服务的影响各异：不同覆被类型对地表、地下径流的影响差异较大；NDVI 对地表径流的影响以正效应为主；叠加植被的影响，地表径流随坡度升高呈现先增大后减小的趋势。空间叠置分析表明，林地分布区总径流及地

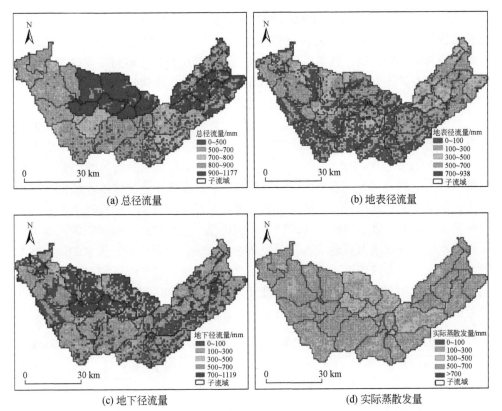

图 5-2   三岔河流域主干流总径流量、地表径流量、地下径流量和实际蒸散发量的空间分布格局

下径流最大, 这一方面是由于森林生态系统良好的土壤水分涵养能力及研究区水分快速入渗的地质背景特征, 另一方面是由于森林分布区海拔和坡度相对较高, 地下径流较易产生。

5.3　三岔河流域主干流产流服务的地形梯度分析

径流的产生是一系列因素综合作用的结果, 其发生发展过程受海拔、地形、降水量、下垫面状况、下垫面蒸散发及坡度等因素的共同影响。在这里分别对不同梯度的海拔和坡度下的总径流、地表径流、地下径流及蒸散发进行统计, 分析其随海拔和坡度的变化过程。

三岔河流域主干流海拔变化范围为 911 ~ 2330m, 按照 911 ~ 1000m、1000 ~ 1500m、1500 ~ 2330m 的海拔梯度分别统计总径流量、地表径流量、地下径流量及实际蒸散发量的均值和变异系数。结合图 5-2 与表 5-4 可看出, 总径流量随海拔变化的幅度不大 (803 ~ 882mm), 且变异系数波动小 (0.09 ~ 0.17)。地表径流量变化较大，海拔为 911～1000m 时地表径流量为 401mm，变异系数为 0.52；随着海拔逐渐升高，地表径流量降低至 154mm，变异系数增大至 0.85。而地下径流量随着海拔的升高，其均值呈现逐渐上升的相反趋势。不同海拔梯度下实际蒸散发量的差异不大。总体而言，海拔对三岔河流域主干流地表和地下径流量具有明显的影响，随海拔升高地下径流量所占比例提高，地表径流量降低。

坡度梯度分析（表5-4）表明总径流量随着坡度增大呈现上升趋势。地表径流量随坡度的增加呈现先增大后减小的趋势，坡度为 5°～10° 时达到最大值（319mm）；坡度为 0～10° 时，地表径流量呈现随坡度增加而增大的趋势，水层沿坡面方向的冲力增大，垂直坡面压力减少，入渗率减小，导致地表径流量随之增大；而随坡度继续增大，降水量对地表的垂直作用力较小，结皮产生慢，地表径流量反而减少。这与胡弈等（2012）研究的喀斯特坡地产流规律类似。地下径流量基本随着坡度增大而逐渐上升，最高达 629mm，一是由于径流水的重力在沿坡面方向上的分力随着坡度的增加而使径流速度加快；二是坡度增加，降水量对地表的垂直作用力减小，径流增加速度变慢（吴希媛和张丽萍，2006）。在不同的坡度梯度范围内，实际蒸散发量的平均值介于 222～253mm。

表5-4　三岔河流域主干流基于水文响应单元的不同海拔、坡度梯度下的径流量及实际蒸散发量

因素	地形因子		总径流量		地表径流量		地下径流量		实际蒸散发量	
	梯度/m	面积比例/%	均值/mm	变异系数	均值/mm	变异系数	均值/mm	变异系数	均值/mm	变异系数
海拔	911～1000	1.8	882	0.09	401	0.52	481	0.52	212	0.28
	1000～1500	64.2	803	0.17	310	0.75	493	0.48	251	0.27
	1500～2330	34.0	882	0.15	154	0.85	591	0.42	245	0.27
因素	地形因子		总径流量		地表径流量		地下径流量		实际蒸散发量	
	梯度/（°）	面积比例/%	均值/mm	变异系数	均值/mm	变异系数	均值/mm	变异系数	均值/mm	变异系数
坡度	0～5	61.9	825	0.17	301	0.80	523	0.46	253	0.27
	5～10	24.5	838	0.16	319	0.72	519	0.46	241	0.27
	10～15	12.3	881	0.15	303	0.75	578	0.49	227	0.27
	15～24	1.3	863	0.21	233	0.85	629	0.44	222	0.28

综上分析发现，海拔和坡度对径流的影响多为数量上的变化，且不同梯度海拔和坡度对径流的空间异质性影响不大，仅地表径流量的变异系数随海拔的升高呈现明显上升的趋势。对不同的海拔梯度，地表径流量随海拔的升高呈现降低趋势，地下径流量为相反的变化趋势。地表径流量随着坡度的增加先上升后下降。

5.4 三岔河流域主干流产流服务与地表覆盖的空间统计关系

5.4.1 不同地表覆盖状况下产流服务的统计特征

植被覆盖通过减小雨滴动能、拦截雨量、改变地表结皮及影响土壤渗水性能等来实现对径流的影响（吴希媛和张丽萍，2006）。5种土地利用类型的总径流量相差无几，介于718~850mm，其中草地相对较低。而地表径流量和地下径流量随不同土地利用类型的变化差异较明显，尤其商服及工矿仓储用地的地表径流量最大（544mm），其次为耕地。这是由于商服及工矿仓储用地是人类活动频繁的地区，城市建设区域的不透水层使得持水蓄水功能大幅削弱，降水大部分转为地表径流。而地下径流恰好相反，园地、林地的地下径流量占总径流量的70%以上，其中林地的地下径流量最高，为628mm（图5-3）。林地物理结构较好、透水性强、凋落物具有较强的持水能力（石培礼和李文华，2001），而且林地分布处往往海拔较高、坡度较陡。

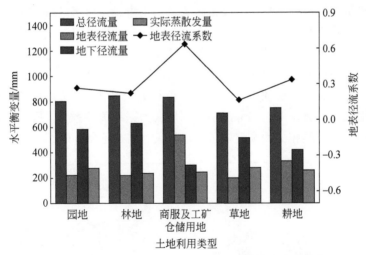

图5-3 三岔河流域主干流不同土地利用类型的产流服务

植被覆盖状况会通过改变地表蒸发、土壤水分状况及地表覆盖的截留量来影响流域主干流的水文过程和产流服务。将三岔河流域主干流的 NDVI 划分为3个等级，即<0.5、0.5~0.7 和>0.7，分别统计不同 NDVI 梯度下的径流量。由表5-5可得，总径流量和地下径流量随着 NDVI 的增加而增大，地表径流量先增加后减少。在一定范围内，植被覆盖状况的改善使得因地上地下二元水文地质结构而漏失的水分减少，地表产流增加；而随 NDVI 继续增大，植被的冠层截留增加，蒸腾作用加强，并伴随土壤持水蓄水功能增强，地表产流减少。

表 5-5   三岔河流域主干流基于水文响应单元的不同 NDVI 梯度下的径流量及实际蒸散发量

（单位：mm）

NDVI 梯度	总径流量	地表径流量	地下径流量	实际蒸散发量
<0.5	794	259	535	230
0.5~0.7	830	319	523	296
>0.7	835	282	565	277

5.4.2   景观破碎化、植被覆盖与产流服务的空间相关关系

基于 GWR 模型、景观破碎化指数和 NDVI，分析 HRU 尺度上地表覆盖与不同径流变量的空间局部关系（图 5-4）。其中，为保证准确表征整个区域的宏观格局，本研究对局部信息也进行了清晰的表述，以回归模型的 R^2、残差平方和为衡量标准确定 7km 为最佳带宽，选择高斯函数作为权重函数。三岔河流域主干流的总径流量与景观破碎化指数以正相关关系为主，占全区的 96.5%，仅东南角落为负相关关系，其中空间正相关关系较强的地区分布在流域主干流的南部和东北部。地下径流量与景观破碎化指数的空间相关关系与总径流量类似，99.9% 的地区呈现正相关关系，且由西向东相关性逐渐减弱。而地表径流量与景观破碎化指数的空间相关关系异质性相对较高，以负相关关系为主（74.2%），集中在西部和中部地区，仅有东部、北部的小范围地区为正相关关系。实际蒸散发量与景观破碎化指数的空间相关关系整体呈现负相关，占全区的 96.9%。

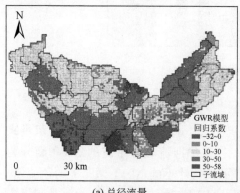

(a) 总径流量

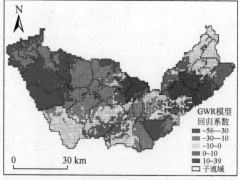

(b) 地表径流量

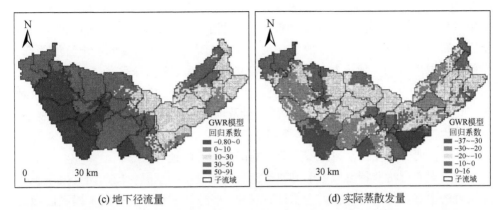

(c) 地下径流量   (d) 实际蒸散发量

图 5-4　三岔河流域主干流景观破碎化指数与水平衡变量的 GWR 模型回归系数空间格局

　　NDVI 与径流的 GWR 模型回归系数的空间非平稳关系呈现明显的南北分异的空间格局（图 5-5）。在三岔河流域主干流的上游和中游地区，总径流量与

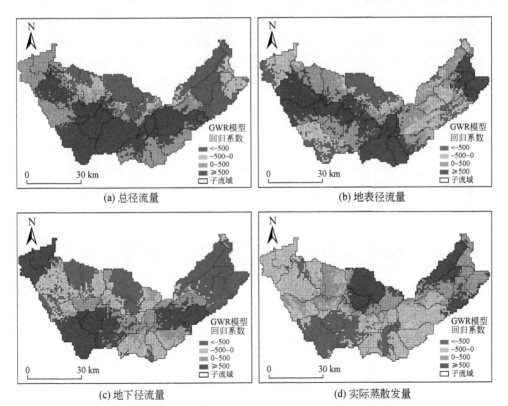

(a) 总径流量   (b) 地表径流量

(c) 地下径流量   (d) 实际蒸散发量

图 5-5　三岔河流域主干流 NDVI 与水平衡组分的 GWR 模型回归系数空间格局

NDVI 以正相关关系为主，占全区的 61.4%；而在流域主干流的北部及下游地区呈现负相关关系。地表径流量与 NDVI 的空间相关关系略微复杂，正负相关关系交错分布；正相关关系占全区的 67.3%，主要分布在三岔河流域主干流的西部、中部及流域出口处。地下径流量与 NDVI 的负相关关系占全区的 56.4%。结合图 5-4 和图 5-5 发现，在流域主干流上游生态环境较好的区域，海拔越高，景观破碎化程度越低，NDVI 值越大，总径流量及地下径流量越大、地表径流量越小，反映了生态恢复的效果越好。实际蒸散发量与 NDVI 的负相关关系占全区的 52.5%，主要分布在三岔河流域主干流的南部和上游地区。

通过对典型喀斯特流域主干流的产流服务及其空间变异特征的研究发现，因地制宜的生态恢复措施（上游退耕还林还草–下游园地建设）有助于提高区域总水源涵养量、降低地表产流量，进而增强土壤保持能力，最终增加流域主干流上游林地固碳量及下游园地居民福祉。

本研究充分发挥了 SWAT 模型基于水文过程且输入数据易获取的优点，通过调节对喀斯特流域径流模拟影响较大的参数，达到较高的模拟水平。对于三岔河流域主干流径流的空间格局及其与不同环境因子的空间统计关系研究，参数率定后的 SWAT 模型既切合研究目标，也可满足基本需求。基于此本研究模拟了多年产流服务空间格局，并借助 GWR 模型定量剖析了土地覆盖状况与径流的空间相关关系，弥补了以往仅通过统计不同土地利用类型及景观指数来描绘径流特征（林炳青等，2014），以及缺乏对相关性宏观格局的刻画等不足。与此同时，虽然 SWAT 模型在参数率定后达到了较优的模拟效果，但由于水文过程非常复杂且涉及上百个参数，异参同效问题仍无法避免，即可能因一些参数组合达到理想水平使得最终模拟效果令人满意。因此在今后的研究中还应结合喀斯特地貌区特殊的地质水文条件对过程模拟进行细致优化，使其更加符合喀斯特流域实际水文过程。

5.5 基于地理探测器的喀斯特流域主干流产流影响定量归因

5.5.1 三岔河流域主干流总径流量的定量归因

因子探测器结果显示，土地利用类型、降水量、景观破碎度对三岔河流域主干流的总径流量有较为显著的影响，而且不同地貌形态类型下总径流量的主导因子有明显差异，即各影响因子对总径流量的解释力不同。从图 5-6 中可以看出，土地利用类型和景观破碎度对总径流量的解释力，在不同的地貌类型区呈现出相似的规律：q值随地形起伏度的上升而上升，在中海拔丘陵区分别达到最高值0.230、0.198后，随起伏度上升而下降。降水量在不同地貌形态类型下，中海拔平原区的q值最小，为0.033，对总径流量的解释力较弱；在其余4个地貌类型区，降水因子对总径流量的影响较为显著，在小起伏中山区q值达到最高值0.227。

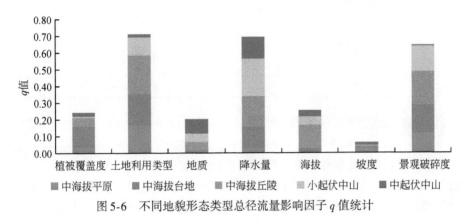

图5-6　不同地貌形态类型总径流量影响因子q值统计

同时基于生态探测器结果，发现小起伏中山区的景观破碎度、土地利用类型和降水量对总径流量空间分布的影响显著区别于其他因子；中起伏中山区的地质条件和降水因子对总径流量空间分布的影响显著区别于其他因子；中海拔丘陵区的海拔因子对总径流量空间分布的影响显著区别于其他因子。

地理探测器的重要功能之一是定量化因子之间交互作用的影响。交互作用探测器的运行结果表明（表5-6），在5种地貌形态类型区内因子间的两两交互作用均会增强对总径流量的解释力。从表5-6可以看出，土地利用类型、景观破碎度、降水量3个因子是三岔河流域主干流总径流量的主导影响因子，在不同地貌形态类型区内主导交互作用均表现为3个因子中的任意一个与另一影响因子的叠加。在中海拔平原和中海拔丘陵区，分别为土地利用类型和植被覆盖度叠加、土地利用和降水量叠加的影响最大，解释力q值为0.281、0.369；在小起伏中山和中起伏中山区，分别为降水量和景观破碎度叠加、降水量和海拔叠加的影响最大，解释力q值为0.317、0.249；在中海拔台地，为景观破碎度和土地利用类型叠加的影响最大，解释力q值为0.371。与单因子影响程度相比，中海拔平原土地利用类型和植被覆盖度叠加的交互作用（0.281），高于两个单因子的解释力。

表 5-6 不同地貌形态类型区总径流量影响因子交互作用探测

地貌形态类型	中海拔平原	中海拔台地	中海拔丘陵	小起伏中山	中起伏中山
主导交互作用 1	土地利用类型∩植被覆盖度	景观破碎度∩土地利用类型	土地利用类型∩降水量	降水量∩景观破碎度	降水量∩海拔
q	0.281	0.371	0.369	0.317	0.249
主导交互作用 2	土地利用类型∩景观破碎度	景观破碎度∩植被覆盖度	土地利用类型∩景观破碎度	降水量∩土地利用类型	降水量∩植被覆盖度
q	0.275	0.360	0.346	0.305	0.224
主导交互作用 3	土地利用类型∩坡度	景观破碎度∩降水量	土地利用类型∩海拔	降水量∩岩性	降水量∩岩性
q	0.263	0.334	0.315	0.302	0.213

运行风险探测器模块可探测流域总径流量的空间分布特征，并判断影响因子的流域总径流量的层间差异是否显著，可进一步统计有显著差异的分层组合数的比例（表5-7）。结果表明，降水量和景观破碎度有显著差异的分层组合数的比例较大，对流域总径流量的层间差异影响较为显著，比例大多在70%以上。不同地貌形态类型中，各影响因子的两个子流域总径流量有显著差异的分层组合数的比例相差悬殊，也就是说，不同地貌形态类型的内部特征对层间显著性具有很大的影响。例如，海拔在中海拔平原并不具有显著性，而在中海拔台地显著性高达100%。

表 5-7 总径流量各影响因子中有显著差异的分层组合数的比例

（单位：%）

影响因子	中海拔平原	中海拔台地	中海拔丘陵	小起伏中山	中起伏中山
植被覆盖度	13.33	28.57	60.71	71.43	64.29
土地利用类型	18.18	53.57	53.03	54.55	64.29
地质	33.33	0.00	73.33	75.56	66.67
降水量	66.67	83.33	90.48	88.89	89.29
海拔	0.00	100.00	90.48	91.67	50.00
坡度	46.67	0.00	10.71	21.43	57.14
景观破碎度	90.00	90.00	86.11	91.67	33.33

综上所述，土地利用类型、降水量、景观破碎度对三岔河流域主干流的总径流量层间差异有较为显著的影响，在5种地貌形态类型中 q 值几乎都达到0.1以上。而且，在不同地貌形态类型下对总径流量的解释力有显著差异，土地利用类型和景观破碎度对总径流量的影响随地形起伏度呈现先增大后减小的波动趋势；

降水量因子在中海拔平原区的 q 值最小，为 0.033，小起伏中山区的 q 值达到最大值 0.227。交互作用探测器结果表明，在不同地貌形态类型区内主导交互作用均表现为土地利用类型、降水量和景观破碎度中任意一个与另一影响因子的叠加。风险探测器结果表明，降水量和景观破碎度因有显著差异的分层组合数的比例较大，大多在 70% 以上，对流域主干流总径流量的层间差异影响较为显著；不同地貌形态类型中，各影响因子的总径流量层间差异有显著影响的组合数比例相差悬殊。

5.5.2 三岔河流域主干流地表径流量的定量归因

因子探测器结果如图 5-7 所示。从不同影响因子角度来看，降水量因子对地表径流的影响最大，其 q 值在中海拔丘陵区达到最大值 0.319；其次为土地利用类型、景观破碎度和植被覆盖度。在不同的地貌形态类型中，降水量对地表径流空间差异的解释力呈现如下规律：q 值随着地形起伏度的上升呈现先上升后下降的波动趋势，也就是说随着地形起伏度增大，降水量对地表径流空间分布的影响程度逐渐增强，在中海拔丘陵区达到最大，再逐渐降低；除降水量因子外，土地利用类型在中海拔台地和中海拔丘陵区的解释力较大，q 值分别达到了 0.21、0.12。在不同地貌形态类型之间，同一因子对地表径流量的影响也存在明显差异，如中海拔台地区的植被覆盖度和景观破碎度的 q 值达到最大，而在其他地貌形态类型区较小。生态探测器的运行结果显示，在小起伏中山和中海拔丘陵区，降水量因子对地表径流的影响相比于其他因子有显著差异。

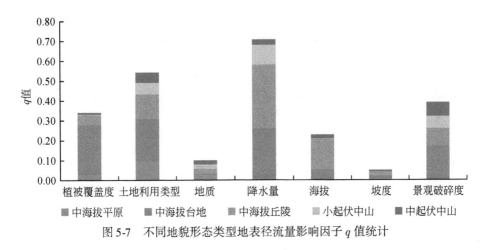

图 5-7　不同地貌形态类型地表径流量影响因子 q 值统计

运行交互作用探测器的结果表明（表5-8），在不同的地貌形态类型区影响因子两两之间的交互作用会极大地提高单因子对地表径流的解释力，也就是说因子的交互作用对地表径流层间差异的影响更显著。从影响因子角度来看，对三岔河流域主干流的地表径流来说，土地利用类型、景观破碎度、降水量3个因子是影响其层间差异的主导因子，5种地貌形态类型的交互作用探测结果均为三种因子与其他因子的叠加。本研究将解释力排在前3位的交互作用方式，从不同地貌形态类型角度进行统计并分析。在中海拔台地和中起伏中山区，影响地表径流量的主导交互作用均表现为景观破碎度与另一影响因子的叠加；其中，中海拔台地区中景观破碎度和植被覆盖度的因子叠加，对地表径流量层间差异的解释力达到0.603。在中海拔丘陵和小起伏中山区，则均以降水量为主导因子，其交互作用均表现为降水量与另一影响因子的叠加。其中，在中海拔丘陵区，降水量和土地利用类型的因子叠加，对地表径流量层间差异的解释力达到0.406；降水量和景观破碎度的因子叠加，对地表径流量层间差异的解释力达到0.388；降水量和植被覆盖度的因子叠加，对地表径流量层间差异的解释力达到0.372。

表5-8　不同地貌形态类型区地表径流量影响因子交互作用探测

地貌形态类型	中海拔平原	中海拔台地	中海拔丘陵	小起伏中山	中起伏中山
主导交互作用1	土地利用类型∩植被覆盖度	景观破碎度∩植被覆盖度	降水量∩土地利用类型	降水量∩景观破碎度	景观破碎度∩降水量
q	0.246	0.603	0.406	0.213	0.190
主导交互作用2	土地利用类型∩坡度	景观破碎度∩降水量	降水量∩景观破碎度	降水量∩土地利用类型	景观破碎度∩地质
q	0.216	0.507	0.388	0.145	0.118
主导交互作用3	景观破碎度∩地质	景观破碎度∩土地利用类型	降水量∩植被覆盖度	降水量∩地质	景观破碎度∩海拔
q	0.205	0.496	0.372	0.141	0.116

风险探测器结果如表5-9所示，不同地貌形态类型中各影响因子的层间地表径流量有显著差异的组合数比例差异较大。从各影响因子来看，在中海拔丘陵、小起伏中山和中起伏中山区，地质条件因子中的地表径流量有显著差异的分层组合数比例分别为53.33%、68.89%、53.33%，而中海拔平原、中海拔台地区地质条件的因子中的地表径流量有显著差异的分层组合数比例为0。景观破碎度在中海拔平原区对地表径流的影响有显著差异的分层组合数比例为0；在小起伏中山区对地表径流的影响有显著差异的分层组合数比例为80.56%；在中海拔台地、

中海拔丘陵、中起伏中山区对地表径流的影响有显著差异的分层组合数比例为 30.00%、72.22%、52.78%。不同地貌形态类型的内部特征对层间显著性有较大影响，从不同地貌形态类型来看，中海拔平原区，除植被覆盖度和土地利用类型以外，其他因子有显著差异的分层组合数比例均为 0。例如，海拔在中海拔平原并不显著，而在中海拔台地层间显著差异高达 100%。

表 5-9　地表径流量各影响因子中有显著差异的分层组合数比例

（单位:%）

影响因子	中海拔平原	中海拔台地	中海拔丘陵	小起伏中山	中起伏中山
植被覆盖度	40.00	39.29	82.14	46.43	21.43
土地利用类型	18.18	42.86	62.12	48.48	39.29
地质	0.00	0.00	53.33	68.89	53.33
降水量	0.00	83.33	95.24	88.89	78.57
海拔	0.00	100.00	66.67	38.89	50.00
坡度	0.00	16.67	28.57	7.14	28.57
景观破碎度	0.00	30.00	72.22	80.56	52.78

综上所述，降水量因子对地表径流的影响最显著，其 q 值在中海拔丘陵区达到最大值 0.319，在中海拔台地和小起伏中山区 q 值分别为 0.25、0.10。而且，在小起伏中山和中海拔丘陵区，降水量因子对地表径流的影响相比于其他因子有显著差异。对三岔河流域主干流的地表径流来说，降水量、土地利用类型、景观破碎度 3 个因子是影响其层间差异的主导因子，5 种地貌形态类型的交互作用探测结果均为这 3 个因子与其他因子的叠加。不同地貌形态类型中各影响因子的层间地表径流量有显著差异的分层组合数比例差异较大。

5.5.3　三岔河流域主干流地下径流量的定量归因

因子探测器结果表明，不同地貌形态类型下不同影响因子对三岔河流域主干流地下径流空间分布的解释力相差悬殊，其中影响最显著的两个因子是土地利用类型和景观破碎度（图 5-8）。土地利用类型对地下径流层间差异的解释力呈现出随地形起伏度增大而减小的趋势，具体表现为中海拔平原>中海拔台地>中海拔丘陵>小起伏中山>中起伏中山，土地利用类型最显著的影响出现在中海拔平原，解释力为 0.181。景观破碎度在中起伏中山区的 q 值最小，在其余地貌形态类型区均对地下径流的层间差异有较高的解释力，且在中海拔平原区影响达到最大，q 值为 0.185。植被覆盖度、地质条件、降水量、海拔等影响因子对地下径流量的解释力较低，均不足 0.1，尤其是海拔因子在中海拔台地区表现为不显著（0）。从地貌形态类型角度来看，在中海拔平原、中海拔台地、中海拔丘陵区，土地利用类型和景观破碎度是主导影响因子。在小起伏中山和中起伏中山区，景观破碎度为主导影响因子；其中生态探测器结果显示，在小起伏中山，景观破碎度对地下径流层间差异的影响显著高于其他因子。

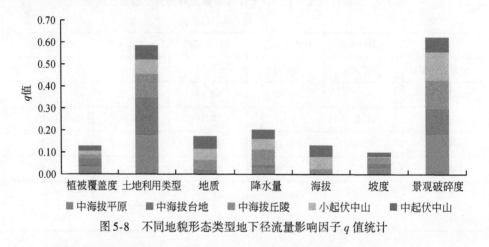

图 5-8　不同地貌形态类型地下径流量影响因子 q 值统计

交互作用探测器的运行结果（表 5-10）显示，影响因子两两之间的交互作用对地下径流量的影响程度要高于单因子的影响，对 5 种地貌形态类型中地下径流量层间差异有明显影响的主导因子为土地利用类型和景观破碎度，即为此两个因子与其他因子的组合。本研究将解释力排在前 3 位的交互作用方式进行统计，结果显示不同地貌形态类型内主导交互作用类型有差异。在中海拔平原区，影响地下径流量层间差异的主导交互作用以土地利用类型为主，具体表现为土地利用类型分别与景观破碎度、植被覆盖度、坡度的叠加；其中，土地利用类型和景观破碎度的因子叠加，对地下径流量层间差异的解释力最高，达到 0.307。在小起伏中山区，主导交互作用分别为景观破碎度与降水量、地质条件、土地利用类型的叠加，其中与降水量的叠加对地下径流量层间差异的解释力达到最高，q 值为0.228。在中海拔台地区，主导交互作用表现为景观破碎度、植被覆盖度和土地利用类型 3 个因子两两之间的组合，其中景观破碎度和土地利用类型对地下径流量层间差异的解释力达到最大，q 值为 0.324。中海拔丘陵区的主导交互作用与景观破碎度、降水量和土地利用类型 3 个影响因子有关。中起伏中山区主导交互作用为海拔、景观破碎度和降水量的两两组合。

表5-10 不同地貌形态类型区地下径流量影响因子交互作用探测

地貌形态类型	中海拔平原	中海拔台地	中海拔丘陵	小起伏中山	中起伏中山
主导交互作用1	土地利用类型∩景观破碎度	景观破碎度∩土地利用类型	景观破碎度∩降水量	景观破碎度∩降水量	景观破碎度∩降水量
q	0.307	0.324	0.227	0.228	0.186
主导交互作用2	土地利用类型∩植被覆盖度	景观破碎度∩植被覆盖度	土地利用类型∩降水量	景观破碎度∩地质	降水量∩海拔
q	0.286	0.262	0.216	0.203	0.155
主导交互作用3	土地利用类型∩坡度	土地利用类型∩植被覆盖度	景观破碎度∩土地利用类型	景观破碎度∩土地利用类型	景观破碎度∩海拔
q	0.278	0.252	0.208	0.182	0.145

风险探测器结果显示（表5-11），不同地貌形态类型中各影响因子的层间地下径流量有显著差异的组合数比例相差悬殊。植被覆盖度在5种地貌形态类型中有显著差异的分层组合数比例介于20.00%~64.29%，其中在小起伏中山区达到最大；土地利用类型有显著差异的分层组合数比例介于24.24%~71.43%，其中在中起伏中山达到最大；地质条件处在中海拔台地区有显著差异的分层组合数比例为0，在中海拔丘陵、小起伏中山、中起伏中山区，地质条件有显著差异的分层组合数比例达到60%及以上；海拔在中海拔丘陵、小起伏中山和中起伏中山区有显著差异的分层组合数比例达到46.43%及以上，而在中海拔平原台地和中海拔平原区没有显著性。

表5-11 地下径流量各影响因子中有显著差异的分层组合数比例

（单位：%）

影响因子	中海拔平原	中海拔台地	中海拔丘陵	小起伏中山	中起伏中山
植被覆盖度	20.00	32.14	35.71	64.29	35.71
土地利用类型	24.24	39.29	40.91	48.48	71.43
地质	16.67	0.00	66.67	73.33	60.00
降水量	66.67	0.00	80.95	86.11	85.71
海拔	0.00	0.00	52.38	72.22	46.43
坡度	20.00	0.00	25.00	25.00	53.57
景观破碎度	90.00	30.00	77.78	91.67	57.14

综上所述，对三岔河流域主干流地下径流空间分布的解释力相差悬殊，其中影响最显著的两个因子是土地利用类型和景观破碎度。土地利用类型对地下径流的解释力呈现出随地形起伏度增大而减小的趋势。植被覆盖度、地质条

件、降水量、海拔等影响因子对地下径流量的解释力较低，均不足0.1，尤其是海拔因子在中海拔台地区表现为不显著（0）。对地下径流量层间差异有明显影响的主导交互作用为土地利用类型和景观破碎度两个因子与其他因子的组合。在中海拔丘陵、小起伏中山、中起伏中山区，地质条件有显著差异的分层组合数比例达到60%及以上；海拔在中海拔丘陵、小起伏中山和中起伏中山区有显著差异的分层组合数比例达到46.43%及以上，而在中海拔平原台地区没有显著性。

5.5.4　三岔河流域主干流实际蒸散发量的定量归因

因子探测器的运行结果（图5-9）表明，不同地貌形态类型下实际蒸散发量的主导影响因子及其解释力有显著差异。从影响因子角度来分析，景观破碎度在5种地貌形态类型中，对实际蒸散发量层间差异的解释力都在0.1以上，最高解释力为小起伏中山区（0.232）。土地利用类型对中海拔平原、中海拔台地及中海拔丘陵区的层间差异解释力较高，都在0.2以上，最高为中海拔丘陵区（0.265）。降水量对中海拔台地和小起伏中山区的层间差异有较高解释力，分别达到了0.191和0.176。植被覆盖度在中海拔台地区对实际蒸散发量的解释力为0.183，但对其他地貌形态类型区的解释力并不显著。而地质条件、海拔、坡度等对实际蒸散发量的影响不大。这主要是因为实际蒸散发量主要受气温、降水量及植被类型的影响。从不同的地貌形态类型来看，在中海拔平原区和中海拔丘陵区，实际蒸散发量的层间差异主要受土地利用类型和景观破碎度的影响，解释力为0.216和0.172、0.265和0.195；在中海拔台地区，实际蒸散发量的层间差异受多种因子的综合影响，植被覆盖度、土地利用类型、降水量、景观破碎度的解释力分别为0.183、0.213、0.191、0.161；在小起伏中山区，层间差异主要受降水量和景观破碎度的影响，解释力达到0.176、0.232；而在中起伏中山区，主要受景观破碎度的影响，解释力为0.105。生态探测器结果显示，中海拔丘陵区的土地利用类型和景观破碎度对实际蒸散发量的影响显著区别于其他因子；小起伏中山区土地利用类型、降水量及景观破碎度对实际蒸散发量的影响显著区别于其他因子。

交互作用探测器结果表明，在5种地貌形态类型区，影响因子两两之间的交互作用均会增强对实际蒸散发量的解释力。不同地貌形态类型内主导交互作用类型有差异，本研究将解释力排在前3位的交互作用方式进行统计，结果如表5-12所示。中海拔台地和小起伏中山区的主导交互作用均是景观破碎度与另一影响因子的叠加。中海拔台地区层间差异的影响因素，排第1位的为景观破碎度与植被

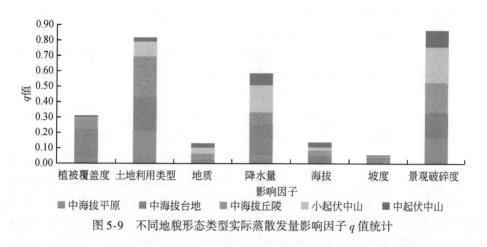

图 5-9　不同地貌形态类型实际蒸散发量影响因子 q 值统计

覆盖度的叠加，解释力达到 0.414；第 2 位为景观破碎度与土地利用类型的叠加，解释力达到 0.396；第 3 位为景观破碎度与降水量的叠加，解释力为 0.391。中海拔丘陵区则为土地利用类型与另一因子的叠加，土地利用类型与景观破碎度的叠加影响最大，解释力为 0.354；土地利用类型与降水量叠加，解释力为 0.316，土地利用类型与植被覆盖度叠加，解释力为 0.305。在中起伏中山区，影响实际蒸散发量的 3 个主导因子是景观破碎度、降水量、海拔，3 个因子之间的两两交互作用是中起伏中山区解释力较高的主导交互作用，其中景观破碎度和降水量的交互作用影响最大，解释力为 0.269，其次为景观破碎度和海拔、海拔和降水量的交互作用。

表 5-12　不同地貌形态类型区实际蒸散发量影响因子交互作用探测

地貌形态类型	中海拔平原	中海拔台地	中海拔丘陵	小起伏中山	中起伏中山
主导交互作用 1	景观破碎度∩ 土地利用类型	景观破碎度∩ 植被覆盖度	土地利用类型∩ 景观破碎度	景观破碎度∩ 降水量	景观破碎度∩ 降水量
q	0.332	0.414	0.354	0.347	0.269
主导交互作用 2	土地利用类型∩ 植被覆盖度	景观破碎度∩ 土地利用类型	土地利用类型∩ 降水量	景观破碎度∩ 土地利用类型	景观破碎度∩ 海拔
q	0.328	0.396	0.316	0.293	0.197
主导交互作用 3	景观破碎度∩ 降水量	景观破碎度∩ 降水量	土地利用类型∩ 植被覆盖度	景观破碎度∩ 地质	海拔∩降水量
q	0.302	0.391	0.305	0.275	0.186

风险探测器结果（表5-13）表明，地形起伏较大的地区比地形起伏较小的平原、台地区差异更明显。地貌形态类型区的内部区域因素对各因子的显著性差异有明显的影响，在中海拔丘陵、小起伏中山和中起伏中山区，地质条件对实际蒸散发量的影响较大，有显著差异的分层组合数比例为73.33%、71.11%、62.22%；其次在中海拔平原有显著差异的分层组合数比例为33.33%；而在中海拔台地区有显著差异的分层组合数比例为0。海拔在中海拔平原有显著差异的分层组合数比例为0，而在中海拔台地区有显著差异的分层组合数比例为100.00%，在中海拔丘陵、小起伏中山、中起伏中山区有显著差异的分层组合数比例分别为71.43%、77.48%、50.00%。降水有显著差异的分层组合数比例，在5种地貌形态类型中都较高，其中在中海拔台地区有显著差异的分层组合数比例为100.00%，中起伏中山、小起伏中山、中海拔丘陵、中海拔平原有显著差异的分层组合数比例分别为85.71%、83.33%、71.43%、66.67%。而坡度在中海拔台地区有显著差异的分层组合数比例为0，植被覆盖度在中海拔平原区有显著差异的分层组合数比例较小。

表5-13　实际蒸散发量各影响因子中有显著差异的分层组合数比例

（单位：%）

影响因子	中海拔平原	中海拔台地	中海拔丘陵	小起伏中山	中起伏中山
植被覆盖度	13.33	35.71	60.71	50.00	46.43
土地利用类型	21.21	60.71	54.55	51.52	71.43
地质	33.33	0.00	73.33	71.11	62.22
降水量	66.67	100.00	71.43	83.33	85.71
海拔	0.00	100.00	71.43	77.78	50.00
坡度	20.00	0.00	17.86	17.86	32.14
景观破碎度	90.00	80.00	86.11	91.67	66.67

综上所述，景观破碎度在5种地貌形态类型中，对实际蒸散发量层间差异的解释力都在0.1以上，最高解释力为小起伏中山区（0.232）。土地利用类型和降水量对实际蒸散发量的影响也较大。而且在小起伏中山和中海拔丘陵区土地利用类型、降水量及景观破碎度对实际蒸散发量的影响更加显著。交互作用探测器结果表明，所有地貌形态类型区的主导交互作用均是土地利用类型、景观破碎度两个因子与另一影响因子的叠加。降水量有显著差异的分层组合数比例，在5种地貌形态类型中都较高，其中在中海拔台地区有显著差异的分层组合数比例达到100%，而坡度在中海拔台地区有显著差异的分层组合数比例为0。

5.6 小　结

本研究选择典型的喀斯特峰丛洼地流域——三岔河流域主干流，利用 SWAT 水文模型优化模拟了三岔河流域主干流总径流量、地表径流量、地下径流量、实际蒸散发量，并结合空间梯度分析和局部回归模型剖析不同变量的空间变异特征，最后基于地理探测器方法，综合考虑降水量、海拔、坡度、地质条件、土地利用类型、植被覆盖度、景观破碎度等因素，运行因子探测器、交互作用探测器、生态探测器和风险探测器，剖析了不同地貌形态类型区域内流域主干流总径流量、地表径流量、地下径流量、实际蒸散发量的主导影响因子及因子间的交互影响程度，并刻画了各影响因子层间产流量的差异性。基于以上分析发现：

1）通过敏感性分析及参数率定，提高了 SWAT 模型在三岔河流域主干流的适用性。SWAT 模拟的多年平均总径流量呈现北高南低的空间格局，流域总径流系数为 0.7；地表径流量呈现明显的空间异质性，整体处于较低水平；地下径流量丰富，这与典型的喀斯特地貌及其独特的地上地下二元水文地质结构相关。

2）环境因子的空间梯度分析表明，不同植被覆盖类型的总径流量波动范围小（718 ~ 850mm），但地表、地下径流量差异较大，工业和商服用地的地表径流量最大（544mm）；实际蒸散发量无明显差异。总径流量、地表径流量及地下径流量随植被覆盖度的增大呈现先增加后减少的趋势，说明高密度的植被覆盖可能通过增强蒸散发而影响水分涵养服务。海拔、坡度与总径流量和地下径流量呈正相关关系，这也印证了森林分布区较高水平的产流量（总径流量和地下径流量），一方面与森林生态系统的土壤水分涵养属性相关，另一方面也是由于森林分布区的海拔相对较高。

3）从空间相关关系来看，三岔河流域主干流大部分地区的景观破碎化程度越大，总径流量、地下径流量越小，地表径流量越大。破碎化程度较低的区域，其海拔较高（如森林分布区），而且研究区的水分快速入渗，更易产生地下径流，并对地表径流产生一定程度的抑制。植被覆盖度与总径流量的 GWR 回归关系呈正相关，说明植被覆盖对产流量的正效应，在上游和中游呈现南北分异的空间格局。

4）总径流量、地表径流量、地下径流量、实际蒸散发量的定量归因分析结果表明，景观破碎化程度是产流层间差异共同的主导影响因子，其次土地利用类型和降水量对流域产流也有显著影响。土地利用类型、降水量和景观破碎度的两两交互作用，明显增强了单因子对三岔河流域主干流的总径流量、地表径流量、地下径流量及实际蒸散发量的影响程度。降水量和景观破碎度有显著差异的分层组合数比例较大，大多在 70% 以上，对流域总径流量的层间差异影响较为显著。虽然三岔河流域主干流产流的影响因子存在共性规律，但不同地貌形态类型中的总径流量、地表径流量、地下径流量及实际蒸散发量层间差异的影响因素解释力、有显著性影响的因素、各因素有显著差异的分层组合数比例等仍然存在一些差距。

以上研究工作，可为石漠化综合治理和生态系统恢复重建提供具体的、科学的指导建议。借鉴喀斯特地区不同环境因子下产流的空间异质性分析结果、不同的地貌形态类型下产流的影响机制研究结果，因地制宜、精准治理，以实现高效科学地推进石漠化地区生态文明建设。

参 考 文 献

白晓永，王世杰 . 2011. 岩溶区土壤允许流失量与土地石漠化的关系 . 自然资源学报，26（8）：1315-1322.

陈喜，张志才，容丽，等 . 2014. 西南喀斯特地区水循环过程及其水文生态效应 . 北京：科学出版社 .

胡奕，戴全厚，王佩将 . 2012. 喀斯特坡耕地产流特征及影响因素 . 水土保持学报，26（6）：46-51.

李红军，雷玉平，郑力，等 . 2005. SEBAL 模型及其在区域蒸散研究中的应用 . 遥感技术与应用，20（3）：321-325.

李周，高凯敏，刘锦春，等 . 2016. 西南喀斯特地区两种草本对干湿交替和 N 添加的生长响应 . 生态学报，36（11）：3372-3380.

林炳青，陈兴伟，陈莹，等 . 2014. 流域景观格局变化对洪枯径流影响的 SWAT 模型模拟分析 . 生态学报，34（7）：1772-1780.

潘世兵，路京选 . 2010. 西南岩溶地下水开发与干旱应对 . 中国水利，（13）：40-42.

石培礼，李文华 . 2001. 森林植被变化对水文过程和径流的影响效应 . 自然资源学报，16（5）：481-487.

王劲峰，徐成东 . 2017. 地理探测器：原理与展望 . 地理学报，72（1）：116-134.

吴希媛，张丽萍 . 2006. 降水再分配受雨强、坡度、覆盖度影响的机理研究 . 水土保持学报，20（4）：28-30.

袁道先 . 2015. 我国岩溶资源环境领域的创新问题 . 中国岩溶，34（2）：98-100.

周成虎，程维明，钱金凯，等 . 2009. 中国陆地 1∶100 万数字地貌分类体系研究 . 地球信息科学学报，11（6）：707-724.

Amatya D M, Jha M, Edwards A E, et al. 2011. SWAT-based streamflow and embayment modeling of karst-affected chapel branch watershed, South Carolina. Transactions of ASABE, 54（4）：1311-1323.

Beven K J, Kirkby M J, Schofield N, et al. 1984. Testing a physically-based flood forecasting model（TOPMODEL）for three U. K. catchments. Journal of Hydrology, 69（1）：119-143.

Borba B S M C, Szklo A, Schaeffer R. 2012. Plug-in hybrid electric vehicles as a way to maximize the integration of variable renewable energy in power systems: the case of wind generation in northeastern Brazil. Energy, 37 (1): 469-481.

Griensven A V, Meixner T, Grunwald S, et al. 2006. A global sensitivity analysis tool for the parameters of multi-variable catchment models. Journal of Hydrology, 324 (1): 10-23.

Gupta H V, Beven K J, Wagener T. 2006. 131 model calibration and uncertainty estimation. Journal of Hydrology, 317 (3): 307-324.

Holvoet K, van Griensven A, Seuntjens P, et al. 2005. Sensitivity analysis for hydrology and pesticide supply towards the river in SWAT. Physics & Chemistry of the Earth Parts A/B/C, 30 (8-10): 518-526.

Mcmichael C E, Hope A S, Loaiciga H A. 2006. Distributed hydrological modeling in California semi-arid shrublands: MIKE SHE model calibration and uncertainty estimation. Journal of Hydrology, 317 (3): 307-324.

Morris M D. 1991. Factorial sampling plans for preliminary computational experiments. Technometrics, 33 (2): 161-174.

Peng T, Wang S J. 2012. Effects of land use, land cover and rainfall regimes on the surface runoff and soil loss on karst slopes in Southwest China. Catena, 90 (1): 53-62.

Popov E G. 1979. Gidrologicheskie Prognozy (Hydrological Forecasts). Leningrad: Gidrometeoizdat.

第6章 基于能量平衡的喀斯特石漠化水源涵养与气候效应

SWAT 水文模型主要强调对径流量的模拟,而对陆面模式所强调的蒸散发模拟还不够充分。针对水热传输效应的问题,本研究选取贵州喀斯特高原作为案例区(研究区概况详见 2.4.1 节)。该区典型的石漠化是中国南方亚热带岩溶地区所面临的重要生态问题,并已成为贵州乃至整个西南喀斯特山区生态建设与可持续发展的主要障碍。通过对土地退化后能量传输效应变化的研究,可深入探究石漠化的退化机理,厘清各能量组分的变化特征,以期科学有效地治理喀斯特地区石漠化问题。

过去几十年里,植被–气候相互作用已成为气象学、气候学、地理学及生态学研究的焦点。众所周知,自然植被的分布受气候因素,如降水量、温度、太阳辐射和 CO_2 浓度的影响。近年来,一些地区植被覆盖迅速降低,因此可通过室外测量和数值模拟实验来分析能量、质量和动量在陆地表层和大气层的交换,从而更好地理解陆地表层过程在近地表气候和大气环流中的作用。

本章将基于 WRF-SSiB(区域气候模式–陆面模式)模式,设计一系列数值模拟实验进行敏感性分析,选取最优参数化方案组合,并评估耦合模式的动力降尺度模拟能力;继而模拟贵州喀斯特高原土地退化的能量传输效应,并与自然植被覆盖下的能量传输效应进行对比。

6.1 模式介绍

6.1.1 WRF 模式

(1)模式介绍

WRF 模式系统是美国研究人员共同参与开发研究的新一代中尺度预报模式和同化系统。从 1997 年开始,美国国家大气研究中心(National Center for Atmospheric Research, NCAR)、美国国家环境预测中心(National Centers for Environmental Prediction, NCEP)和预报系统实验室(Forecast Systems Laboratory,

FSL）的预报研究处等科研机构和大学开始共同开发研制，并于 2000 年发布第一版本。WRF 模式分为 ARW 和 NMM 两种，分别由 NCAR 和 NCEP 负责管理。该区域气候模式开发的目的是提高对中尺度天气系统的认识和预报水平，以及促进研究成果向业务应用的转化。鉴于 WRF 模式系统的高效率、可移植、易维护等诸多优点，科研成果应用于业务预报模式也更为便捷，使科研人员在大学、科研单位及业务部门之间的交流更加容易（Michalakes et al., 2001）。在未来的研究和业务预报中，WRF 模式系统将成为改进从云尺度到天气尺度等不同尺度的重要天气特征预报精度的工具（闫之辉和邓莲堂，2007）。

WRF 模式采用高度模块化和分层设计的理念，将模式划分为驱动层（driver layer）、中间层（mediation layer）和模式层（model layer）。模式层即模式的动力框架、物理过程等，这是真正属于模式计算的部分；驱动层负责初始化、时间积分、并行运算等；中间层（或调解层）提供模式层和驱动层之间的接口，并且在模式层中，动力框架和物理过程都是可插拔的，为物理过程参数化方案的利用和扩展提供了便利。本研究利用这一条件成功将陆面模式 SSiB 耦合到 WRF 模式中。WRF 模式重点考虑从云尺度到天气尺度等重要天气的预报，水平分辨率主要为 1 ~ 10km。因此，模式包含高分辨率非静力应用的优先级设计、大量的物理选择、与模式本身相协调的先进的资料同化系统。WRF 模式有两个版本，一个是在 NCAR 的 MM5 模式基础上发展，另一个是由 NCEP Eta 模式发展而来（章国材，2004）。它的软件设计和开发充分考虑适应可见的并行平台在大规模并行计算环境中的有效性，可在分布式内存和共享内存两种计算机上实现加工的并行运算，模式的耦合架构容易整合进入新地球系统模式框架中。

（2）WRF 模式物理过程参数化

WRF 模式的参数化方案分为 6 个类别，每个类别包含多种选择。6 种参数化方案为微物理过程、积云参数化、陆面过程、表面边界层、行星边界层及大气辐射。

云物理过程是中尺度数值模式中重要的非绝热加热物理过程之一，成云降水过程发生以后通过感热、潜热和动量输送等反馈作用影响大尺度环流，并对大气温度、湿度场的垂直结发挥重要作用。云物理过程包括微物理过程参数化方案和积云对流参数化方案。WRF 模式的微物理过程参数化方案包括 Kessler 方案、Purdue Lin 方案、WSM3 方案、WSM5 方案、Ferrier 方案。Kessler 方案（Kessler, 1969）是从 COMMAS 模式移植过来的，它是一个简单的暖云降水方案，考虑了水蒸气、云水和雨水等微物理量，忽略了液体水与冰之间的相变过程。方案中包含的微物理过程有水汽的凝结、云水向雨水的自动转换、雨水与云水的碰并、雨水的蒸发，雨滴的下落速度参数化等。Purdue Lin 方案（Lin, 1983）来自 Purdue 云模型，是物理过程描述较为复杂的方案，方案中与水相物质有关的预报量有云水、雨水、冰、雪、霰和水汽（闫之辉和邓莲堂，2007）。积云对流参数化方案用来描述利用大尺度变量表示的次网格尺度积云的凝结加热和垂直输送效应，是将大尺度模式不能显式表示的对流引起的热量、水分和动量的输送与模式的预报变量联系起来。

大气辐射参数化方案对大气环流模式的辐射计算非常重要，其结果会改变大气中的热力状况。WRF 模式包括 RRTM 长波辐射方案、GFDL 长波辐射方案、CAM3 长波辐射方案、MM5（Dudhia）短波辐射方案、Goddard 短波辐射方案等。RRTM 长波辐射方案来自 MM5 模式，采用了 Mlawer 等人的方法。它是利用一个预先处理的对照表来表示由水汽、臭氧、二氧化碳和其他气体，以及云的光学厚度引起的长波过程。MM5（Dudhia）短波辐射方案来自 MM5 模式，采用 Dudhia 的方法，将由干净空气散射、水汽吸收、云反射和吸收所引起的太阳辐射通量进行简单加和（胡向军等，2008）。此外，在 WRF 模式中，行星边界层方案包括 MRF 方案、YSU 方案及 PBL 方案；陆面过程参数化的 WRF 模式主要包括三种陆面模式（LSM）：SLAB 方案、NOAH 方案、RUC 方案。

6.1.2　SSiB 陆面模式

(1) 模式介绍

SSiB 陆面模式由 Xue 等（1991）对 Sellers 等（1986）提出的 SiB 模式进行简化而来。陆面模式最初只考虑物理过程，后来意识到生物圈在陆–气作用中的重要性，SSiB 陆面模式即通过研究生物物理过程，基于 Deardorff 提出的大叶模型和强迫–恢复法这两个重要而本质的概念，有效准确地模拟陆–气作用（Deardorff，1978）。

SSiB 陆面模式把全球陆地下垫面分为三大类——植被、无植被的裸土和陆冰下垫面。其中，全球陆地格点的植被和土壤状况最初是根据 Kuchler（1983）和 Matthews（1984，1985）等工作总结的，近年卫星遥感技术的发展，对该模式的下垫面类型又做了很大的改进，将全球植被类型进行分类组合，使植被生态类型概划分为 12 种，加上无植被的裸土和陆冰下垫面，最终将全球下垫面分为 13 类（表 6-1），但不包含湖面、湿地及城市等下垫面。

表 6-1　SSiB 陆面模式的土地覆被类型

SSiB 代号	英文植被类型	中文植被类型
vegtyp1	tropical rainforest	热带雨林
vegtyp2	broadleaf deciduous trees	落叶阔叶林
vegtyp3	broadleaf and needleleaf trees	阔叶针叶林

SSiB 代号	英文植被类型	中文植被类型
vegtyp4	needleleaf evergreen trees	常绿针叶林
vegtyp5	needleleaf deciduous trees	落叶针叶林
vegtyp6	broadleaf trees with ground cover	稀疏阔叶林
vegtyp7	grassland	草原
vegtyp8	broadleaf shrubs with ground cover	灌木/草原混合
vegtyp9	broadleaf shrubs with bare soil	灌木
vegtyp10	dwarf trees with ground cover	矮灌
vegtyp11	desert	裸土
vegtyp12	crops	农地
vegtyp13	permanent ice	积雪/陆冰

（2）SSiB 陆面模式的主要参数

SSiB 陆面模式的输入参数主要包括气象驱动数据、植被生理和土壤属性参数、植被的物理性质和空气动力学参数三类：①气象驱动数据（＊.forcing）：主要是指短波辐射、长波辐射、地表水蒸汽压、地表风速、降水量等。②植被生理和土壤属性参数（＊.data）：叶片反射率、叶片气孔阻抗系数、根层深度等，土壤水势、饱和导水率、孔隙度等。在本研究中，我们利用野外采样的土壤数据测定了相关指标，同时查阅已有文献中的参数，替换了 SSiB 陆面模式中原有的参数值，如对土壤饱和导水率、土壤水势、土壤容重及土壤孔隙度等进行了参数本地化。③植被的物理性质和空气动力学参数（＊.datm）：主要包括参考高度、植被高度、叶面积指数、植被覆盖度、地表粗糙度长度、植被的表面阻力及气孔阻抗等。

该模式的输出参数主要包括摩擦速度、地面反照率；空气动力阻力；土壤表层和深层温度、冠层温度及 3 层土壤的湿度；能量和水分的各组分。其中能量部分主要包括净辐射量、感热通量、潜热通量及地表热通量，水分各组分主要包括蒸散发、冠层截留及裸土的蒸发量。其中，3 层土壤的湿度、2 层土壤的温度，冠层截留水分储量，土壤表面的积雪及冠层温度为 SSiB 陆面模式的 8 个预报变量。

6.1.3 WRF 与 SSiB 的耦合

本研究选用 WRF 与 SSiB 的耦合模式，耦合过程大致为：平衡净辐射与感热通量、潜热通量和土壤通量三者的关系；平衡降水量与径流、冠层及土壤水分、蒸发/蒸腾三者的关系。模式耦合后，SSiB 所需的驱动量是从大气模式 WRF 输出的，主要有大气底层的风向量、温度、湿度、对流云降水、网格尺度降水，以及向下的长波辐射和短波辐射量等。在 SSiB 陆面方案内通过参数化方案计算并输出地表层的温度、湿度、向上的长波辐射和短波辐射及感热通量、潜热通量等水热通量，进而通过边界层的垂直输送调节大气环流，实现陆面模式 SSiB 与大气模式 WRF 的耦合。

6.1.4 WRF-SSiB 模式动态降尺度模拟的不确定性分析

(1) WRF-SSiB 模式动力降尺度的敏感性分析实验设计

RCM 的动态降尺度模拟能力与众多因素有关，这种不确定性一方面引起了许多气象学家的质疑（Laprise et al., 2000；Castro et al., 2005），另一方面也说明 RCM 的动态降尺度需要更多、更细致的分析。因此，在本节及下一节，我们将借助一系列的数值模拟实验测试 WRF 区域模式对物理过程方案及栅格尺寸的敏感性或不确定性，检测 WRF 模式相对于 NCEP/DOE 再分析资料的优越性。由于降水的模拟能够综合体现模式的模拟能力，本研究选择降水作为主要评估指标，并辅以气温和风场等因子。与此对应，分别选取了不同的微物理方案、长波辐射方案及短波辐射方案，根据最终对降水和温度的模拟效果选取最优方案。案例 1 ~ 5 的长波辐射和短波辐射方案都为 RRTM 和 MM5，改变微物理方案（Kessler、Purdue Lin、WSM5、Ferrier、WSM3）。案例 6 和案例 7 为相同的微物理方案（WSM3），辐射方案分别为 RRTMG 和 CAM（表6-2）。

表6-2 不同微物理方案、长波辐射方案及短波方案的
WRF-SSiB 模式的不确定性分析的实验设计

案例	微物理方案	长波辐射方案	短波辐射方案	因素
1	Kessler			降水量
2	Purdue Lin			降水量
3	WSM5	RRTM	MM5 （Dudhia）	降水量
4	Ferrier			降水量
5	WSM3			降水量
				温度
6	WSM3	RRTMG	RRTMG	降水量
				温度
7		CAM	CAM	降水量
				温度

(2) 土地覆被转换的实验设计

为研究土地覆被变化的地表能量收支平衡，本研究设计了两种方案，一是采

用 SSiB 陆面模式中自带的植被类型图（图 6-1），以此代替自然植被分布；二是根据熊康宁等（2012）对喀斯特地区石漠化强度的划分标准（表 6-3），以贵州喀斯特高原的石漠化状况为底图，将前面的自然植被进行相应的转换，得到新的植被类型图。

表 6-3　碳酸盐岩喀斯特区石漠化强度分级标准

强度等级	代码	基岩裸露/%	土被/%	坡度/(°)	植被+土被/%	平均土厚/cm	农业利用价值
无明显石漠化	11	<40	>60	<15	>70	>20	宜水保措施的农用
潜在石漠化	12	>40	<60	>15	50～70	<20	宜林牧
轻度石漠化	13	>60	<30	>18	35～50	<15	临界宜林牧
中度石漠化	14	>70	<20	>22	20～35	<10	难利用地
强度石漠化	15	>80	<10	>25	10～20	<5	难利用地
极强度石漠化	16	>90	<5	>30	<10	<3	无利用价值

根据熊康宁等（2012）的分类标准（表 6-3），贵州喀斯特高原各县的不同石漠化程度的面积比例的统计结果如图 6-2（a）所示，根据面积比例确定土地退化后的植被类型。具体的实验步骤为：①利用 ArcGIS 软件基于熊康宁等（2012）的分类标准分县统计石漠化程度，一是统计各县中潜在石漠化（12）、轻度石漠化（13）、中度石漠化（14）和强度石漠化（15）面积总和占县面积的比例，称为县全部的石漠化面积比例；二是统计各县中轻度石漠化（13）、中度石漠化（14）和强度石漠化（15）面积总和占县面积的比例，称为县主要的石漠化面积比例。②对贵州省分县的石漠化面积比例划分为四级［图 6-2（a）］，一级是各县全部的石漠化面积比例小于 45% 且主要的石漠化面积比例小于 30%，二级是各县全部的石漠化面积比例大于 45% 且主要的石漠化面积比例小于 30%，三级是各县全部的石漠化面积比例小于 45% 且主要的石漠化面积比例大于 30%，四级是各县全部的石漠化面积比例大于 45% 且主要的石漠化面积比例大于 30%。③根据学者对喀斯特地区石漠化的过程研究结果（喻理飞，2000；王德炉等，2003），在图 6-2（a）中，县全部的石漠化面积比例大于 45% 且主要的石漠化面积比例小于 30% 时，SSiB 植被类型变化为 type 9（灌木）。只要县主要的石漠化面积比例大于 30%，而不论县全部的石漠化面积比例是否大于 45%，植被类型都改为 type 11（裸土），以使土壤和植被的属性符合土地退化的状态［图 6-2（b）］。例如，当植被类型从农作物改变为灌木时，地表粗糙度长度将从 0.51 下降至 0.06，叶面积指数由 6.00 下降至 0.21，植被覆盖度由 0.90 下降至 0.10。针对西南地区石漠化过程的土地覆盖变化所开展的野外观测和实验工作，若目前的退化过程继续发展，土地覆被类型将发生类似变化。④基于 SSiB 陆面模式自带的植被类型和修

改后的退化植被类型，分别设计为控制实验和退化实验方案，利用 1998 年、2000 年和 2004 年的夏季气候数据，研究土地退化的水热效应。

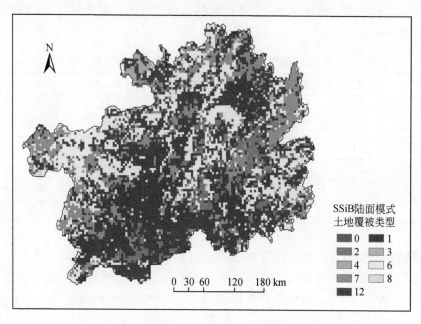

图 6-1　SSiB 陆面模式土地覆被类型空间分布格局

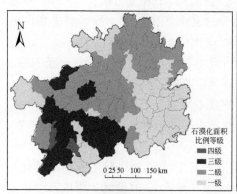

(a) 石漠化面积比例等级

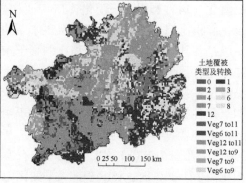

(b) 土地覆被类型及转换

图 6-2　贵州喀斯特高原的县石漠化面积比例等级、土地覆被类型及转换示意图
Veg 7 to 11 为 SSiB 陆面模式中第 7 种土地覆被类型转为第 11 种，Veg 6 to 11 为 SSiB
陆面模式中第 6 种土地覆被类型转为第 11 种，以此类推

6.2 WRF-SSiB 模式动力降尺度的能力评估

东亚地区季风气候的动力降尺度是一个具有挑战性的任务。一般来说，区域气候模式（RCMs）最终模拟结果的优劣取决于提供的再分析大尺度胁迫数据的真实性。因此，为真实可靠地评估土地覆被变化的影响，需要对 RCM 数据模拟区域尺度气候特征的能力进行评估，表 6-4 即为不同参数化方案下的模拟效果。

通过对不同的物理参数化方案 WRF/SSiB 模拟结果的比较，以 Yonsei University 行星边界层方案（YSUPBL）、CAM 长波和短波辐射方案、WRF3 微物理过程方案（WSM3）和 Kain-Fritsch 积云方案为组合的参数化方案获得最优模拟结果，SSiB 陆面模式作为本研究主要的物理包。例如，对降水量模拟来说，与 Kessler、Ferrier、Purdue Lin 和 WSM5 微物理方案相比，WSM3 参数化方案下 WRF/SSiB 的模拟结果具有较大的 R、较小的 Bias 和 RMSE。根据在不同的辐射方案下，对降水量和温度的 R、Bias 和 RMSE 比较，CAM 长波短波辐射方案下的模拟结果比 RRTMG、RRTM 和 MM5 方案更为合理。初始条件（大气，SSiB 土壤水分和土壤温度）、边界条件、海洋表面边界条件（海洋表面温度和海冰），还有 WRF 所需的初始雪深来源于 NCEP/DOE 再分析资料，间隔为 6h。

表 6-4 不同参数化方案下 WRF-SSiB 模拟效果

案例	因素	R	Bias
1	降水量	0.37	−1.02
2	降水量	0.65	2.64
3	降水量	0.67	2.84
4	降水量	0.66	2.81
5	降水量	0.70	1.68
5	温度	0.89	−3.48
6	降水量	0.67	3.04
6	温度	0.89	−2.24
7	降水量	0.65	1.91
7	温度	0.88	−2.97

基于 WRF-SSiB 模式在不同参数化方案下的敏感性分析结果，确定案例 7 为最优方案组合，在此组合下进行区域气候模拟，并与 NCEP/DOE 再分析资料的降水量、温度和大气环流进行对比。此处分别选择亚洲高分辨率降水量观测数据（Asian Precipitation-Highly-Resolved Observational Data Integration towards Evaluation of the Water Resource，APHROD）、（Global Telecommunication System，GTS）作为降水量和温度的验证标准，此外，Japanese 25-year 再分析资料（JRA-25）用来分析模式对大气环流及其他大气变量的模拟效果。表 6-5 展示了 NCEP R-2 再分析资料和 WRF/SSiB 模拟温度、降水量、风场等的对比结果。WRF/SSiB 对降水带和最大降水量中心的模拟结果比 NCEP R-2 要清晰，但是其模拟值仍然大于实测值（Bias=1.57）。尽管 WRF/SSiB 对地表温度的模拟相较于 NCEP R-2 未改善，但是它给出了更详细的温度空间信息。与 NCEP R-2 再分析资料相比，WRF/SSiB 未能改善对对流层上部和中部的大气结构的模拟，这跟以往一些研究相符合（Gao et al.，2011；Sato and Xue，2013）。然而，WRF-SSiB 提高了对700hPa 时水汽通量的模拟能力，而水汽通量是影响东亚夏季风对流运动的决定性因素，这将使得模式对东亚降水量有更好的模拟效果。

表 6-5　NCEP R-2 再分析资料和 WRF/SSiB 模拟温度、降水量、风场、水汽场及气压场与 JRA 再分析资料的对比结果

变量	模型	R	Bias
温度	NCEP R-2	0.86	−1.93
	WRF/SSiB	0.85	−2.29
降水量	NCEP R-2	0.60	1.95
	WRF/SSiB	0.78	1.57
500hPa 位势高度	NCEP R-2	0.99	0.04
	WRF/SSiB	0.92	−0.01
200hPa 纬向风	NCEP R-2	0.97	0.48
	WRF/SSiB	0.86	0.76
700hPa 相对湿度	NCEP R-2	0.65	2.89
	WRF/SSiB	0.70	−1.37

6.3　喀斯特高原土地退化对能量传输的影响

6.3.1　喀斯特高原土地退化对辐射的影响

表 6-6 展示了控制实验和土地退化实验的能量平衡各组分的均值，以及两者的差异。图 6-3 是贵州喀斯特高原土地退化后的地面反照率和净辐射的空间分布格局；图 6-4 是净长波辐射和净短波辐射变化的空间分布格局。该区土地退化后

地面反照率呈现上升趋势（增加 22.2%），而净辐射、净长波辐射、净短波辐射、地表潜热通量均下降。这是由于地面反照率的增大导致向上的短波辐射增加，而向上的短波辐射增加，导致温度上升从而使得向上的长波辐射增加，最终导致净辐射减少。

表 6-6　控制实验和土地退化实验的多年平均能量组分模拟结果及差异

参数	土地退化实验	控制实验	土地退化实验与控制实验的差异	变化比例
地面反照率/%	0.22	0.18	0.04	22.2%
净辐射/(W/m²)	124.27	137.19	-12.92	-9.4%
净短波辐射/(W/m²)	202.47	210.22	-7.75	-3.7%
净长波辐射/(W/m²)	-78.21	-73.03	-5.18	7.1%
地表潜热通量/(W/m²)	97.51	116.25	-18.74	-16.1%
植被截留的潜热通量/(W/m²)	12.64	19.82	-7.18	-36.2%
蒸腾作用的潜热通量/(W/m²)	37.00	59.20	-22.20	-37.5%
土壤的潜热通量/(W/m²)	47.87	37.24	10.63	28.5%
感热通量/(W/m²)	27.28	21.47	5.81	27.1%
植被感热通量/(W/m²)	11.40	13.92	-2.52	-18.1%
地表感热通量/(W/m²)	15.88	7.55	8.33	110.3%
地表热通量/(W/m²)	-0.52	-0.53	0.01	-1.9%

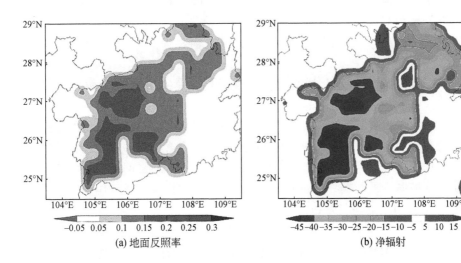

(a) 地面反照率　　　　　　　　　　(b) 净辐射

图 6-3　控制实验和土地退化实验的多年夏季平均净辐射和地面反照率的模拟差异

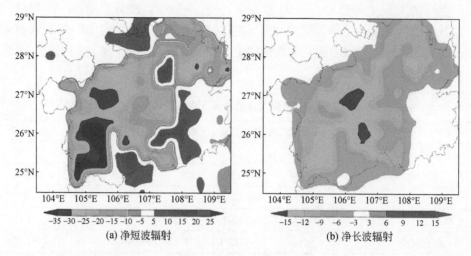

(a) 净短波辐射　　　　　　　　(b) 净长波辐射

图 6-4　控制实验和土地退化实验的多年夏季平均净短波辐射和净长波辐射的模拟差异

从空间格局上来看，贵州喀斯特高原的土地退化导致全区地面反照率升高，所以更多的短波辐射被反射，尽管在较干燥的大气层，云量的减少通过增加向下的短波辐射量补偿了这部分损失。大部分地区的净辐射呈现下降趋势，且由东北向西南下降程度逐渐加剧，仅有贵州北部和南部的几处小面积上升。西部地区下降程度较大是由于该区域为农地、草原及稀疏阔叶林退化为裸土的地区，地面反照率大幅上升，净辐射大量减少。因土地退化引起的净短波辐射和净辐射的变化有着相似的空间格局，而净长波辐射全区呈现下降格局，由东北向西南加剧。地表的净长波辐射呈减少趋势，从 $-73.03\mathrm{W/m^2}$ 降低至 $-78.21\mathrm{W/m^2}$，这主要是由于退化实验中较高的地表温度增加了向外的长波辐射。

6.3.2　喀斯特高原土地退化对感热通量、潜热通量的影响

图 6-5 为贵州喀斯特高原土地退化后的感热通量及潜热通量变化的空间分布格局。感热通量、地表感热通量、地表热通量呈现上升趋势。感热通量的增加是由于向上的短波辐射和温度增加。净辐射的减少和感热通量的增加最终使得地表潜热通量大幅减少，地表潜热通量、植被截留的潜热通量及蒸腾作用的潜热通量分别降低了 16.1%、36.2% 和 37.5%。

在土地退化的实验模拟结果中，贵州喀斯特高原的感热通量相较于自然植被的状态增加了 $5.81\mathrm{W/m^2}$。Xue 和 Shukla（1993）的研究表明，当被地面吸收的短波辐射大幅降低时，地表感热通量降低。而在本研究中，上升的感热通量（$5.81\mathrm{W/m^2}$）比下降的地表潜热通量要少（$-18.74\mathrm{W/m^2}$）。由土地退化引起的

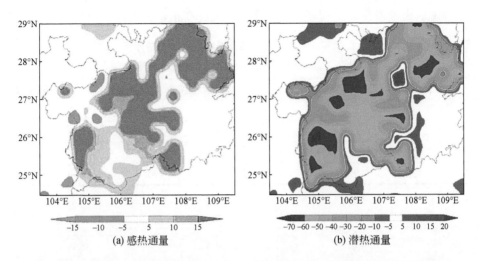

图 6-5　控制实验和土地退化实验的多年夏季平均感热通量和潜热通量的模拟差异

地面反照率、气孔阻抗升高，叶面积指数、地表粗糙度长度和土壤导水率降低，使得研究区的地表潜热通量大幅降低，由 116.25W/m² 降至 97.51W/m²。这与亚马孙森林退化和蒙古国的退化实验结果类似（Nobre et al., 1991；Xue, 1996）。蒸发的降低部分原因是净辐射的降低，但更重要的原因是退化后的植被和土壤特性的改变。事实上，前面提到的温度的上升主要是因为蒸发散热。显然，在所有的能量组分中，地表潜热通量的变化较大程度地影响了区域能量平衡。

　　在 SSiB 植被覆盖类型和土地退化后的植被类型两种方案设计下，基于 WRF-SSiB 模式对多年夏季日降水量和温度分别进行了模拟。表 6-7 展示了两个方案下日降水量、地表温度、土壤水分含量和平均大气温度的均值，以及它们之间的差异，其中平均大气温度为 850～200hPa。表 6-7 中可以看出，与自然植被状态下相比，贵州喀斯特高原土地退化后日降水量和土壤水分含量呈现下降趋势，日降水量从 6.63mm 降至 5.99mm，减少了 9.7%；土壤水分含量由 0.93mm 降至 0.67mm，减少了 28.0%。而地表温度和平均大气温度升高，地表温度上升了 3.3%，平均大气温度上升了 0.6%。较低的对流潜热和大气圈非绝热加热的速率导致大气温度降低。

　　图 6-6 为土地退化后的温度和降水变异的空间格局，日降水量下降的地区主要集中在贵州喀斯特高原的中部，降低幅度集中在 0.5mm 以上，其中在北部的角落地区日降水量的降低幅度达到 2mm 以上。两种方案下温度的差异以正为主，土地退化引起了地面反照率的增加，进而导致向上的短波辐射增加，使得温度上升。在中部地区尤为明显，温度增加幅度达到 2℃以上，这是由于该区由原有植被类型（稀疏阔叶林、草原、农地）转换为裸土类型，地面反照率明显增大。

而东部地区土地退化态势较轻，温度变化不大，在正常范围内波动。

表6-7 控制实验和土地退化实验模拟的多年日降水量、地表
温度、土壤水分含量及平均大气温度及其差异

变量	土地退化实验	控制实验	土地退化实验与控制实验的差异	变化比例
日降水量/mm	5.99	6.63	−0.64	−9.7%
地表温度/℃	22.69	21.96	0.73	3.3%
土壤水分含量/mm	0.67	0.93	−0.26	−28.0%
平均大气温度/℃	−6.26	−6.22	−0.04	0.6%

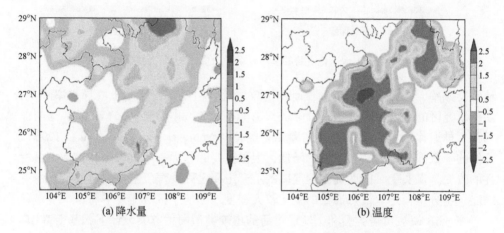

(a) 降水量　　　　　　　　　　(b) 温度

图6-6　控制实验和土地退化实验的多年夏季平均降水量和温度的模拟差异

　　综上所述，贵州喀斯特高原的土地退化，特别是植被的退化改变了水分和能量平衡，也使得感热和潜热通量的部分也发生了变化。同时，石漠化现象发生后，蒸发量的显著减少使得越来越少的水分通过边界层传送到大气圈。较低的对流潜热和大气圈非绝热加热的速率导致大气温度降低。

6.3.3 喀斯特高原土地退化对能量平衡影响的时间变异性

　　图6-7为在土地退化实验和自然植被状态下的6h间隔（2000年6月）的净辐射、潜热通量及感热通量模拟值的差异变化趋势图。从图上可以看出，两种方案下净辐射的差异随着时间的推移，整体呈现出明显的先减小后增大的趋势，波动范围为−80~60W/m²。在6月11~16日差异较小，6月15~19日净辐射的差异值逐渐增大为正值。感热通量与净辐射的变化趋势类似，差异为负值（−140~

$10W/m^2$），且在 6 月 11～19 日差异很小。土地退化使得感热通量增加，变化量随时间的推移波动不大，仍为 6 月 11～19 日差异最小，而后逐渐变大。

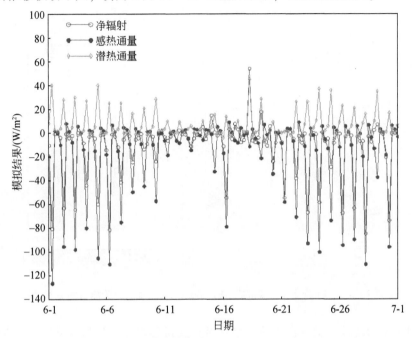

图 6-7 控制实验和土地退化实验的净辐射、潜热通量及感热通量的每 6h 模拟结果

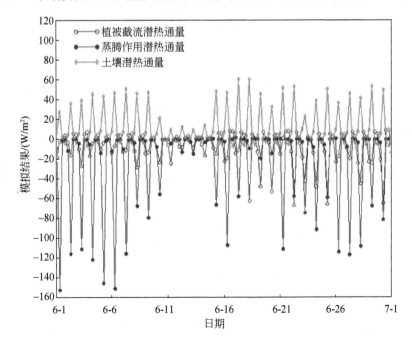

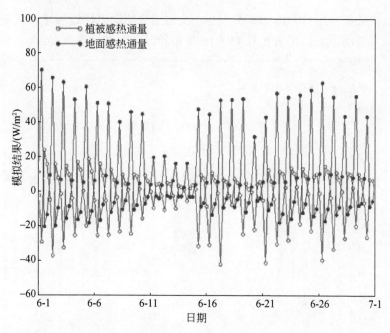

图6-8 控制实验和土地退化实验的潜热通量及感热通量各组分能量的每6h模拟结果

图6-8为两种方案下，感热通量和潜热通量各组分的模拟差异随时间推移的变化趋势。从图上可以看出，植被蒸散发的潜热通量与潜热通量的变化趋势及差值较一致，这说明土地退化后潜热通量的降低主要是由蒸散发的减弱引起的。而植被截留的潜热通量和地表潜热通量的变异不大，且地表潜热通量的正差异值呈现先下降后升高的趋势，植被截留的潜热通量的负差异值随时间推移逐渐增大。地表感热通量的差异随时间的变化趋势及差值与感热通量类似，这也说明了感热通量随地表感热通量的增加而升高，但植被感热通量则以减小为主，两种不同方案下差值的走势也为先减少后增大。

6.4 喀斯特植被类型与属性变化的气候敏感性研究

6.4.1 气候对地表植被类型变化的敏感性研究

(1) 植被退化对降水量和气温的影响

基于原始 SSiB 植被覆盖类型和退化 SSiB 植被覆盖类型的 WRF-SSiB 多年平均夏季日降水量模拟结果显示，贵州省植被的退化并不会改变降水量的宏观分布格局，它仅对局部地区的降水量模拟有影响。尽管由于噪声的影响，降水量的变化呈现较为杂乱的空间分布，但有些区域无论是从某一年（1998 年、2000 年和2004 年）夏季平均值还是从多年夏季平均值来看，均呈现相同的变化特征。例如，贵州省虽然从多年夏季平均降水量来看变化幅度较小，但该省域范围内始终呈现降水量减少的现象，变化幅度小可能是由于该省夏季受到季风影响明显，水汽来源丰富，地表植被退化影响相对较小；再如，湖北省南部及我国东南沿海地区和广东、广西南部在不同年份之间也都呈现一致的降水量增加的现象。

贵州省植被退化同样不能改变多年夏季平均气温的空间分布格局，但与降水量的敏感性不同的是，气温的变化主要出现在贵州省内，表现为气温的明显升高，其他地方出现的零散且不成规模的气温变化应该是由模型运转中的噪声造成的。

（2）植被退化对能量平衡的影响

在净辐射变化方面，贵州省表现为净辐射减少，尽管贵州净辐射量的减少相对要明显得多，但仍有一些别的地方表现出净辐射的增加或减少，这主要是由于云层（未列出）对入射太阳辐射的影响，如湖南东部及其邻近区域云的增加导致净辐射减少和潜热通量减少。贵州净辐射的减少是由地面反照率（Albedo）增加，导致向上的短波辐射增加，同时温度的增加（短波辐射加热增加造成）又引起向上的长波辐射增加。尽管贵州省云的减少（未列出）导致入射太阳辐射的增加，但一方面，入射太阳辐射的增加不足以抵消向上的长波和短波辐射的增加而带来的净辐射的减少，另一方面，云的减少也降低了向下的长波辐射量。向上的短波辐射和温度的增加（或吸收短波辐射的减少）也导致了感热通量的增加。地表能量平衡的原因在于净辐射可分解为感热通量、潜热通量及地表热通量三部分，地表热通量通常数量级很小，在分析时可忽略。净辐射的减少及感热通量的增加势必会带来潜热通量的显著减少，进而会导致具有植被退化现象的贵州省降水量减少。此外，还应认识到，上述研究仅仅是从能量平衡的角度分析潜热的变化，但实际上更为重要的是，由地表植被覆盖退化而带来的叶面积指数、植被覆盖度及地表粗糙度长度等的变化更是引起潜热通量变化的实质。

（3）植被退化对大气环流的影响

贵州省植被退化不仅会影响局部地区的气候，而且可能会通过影响大气环流特征而改变较远区域的气候，尤其是具有较高海拔且处于印度季风、南海季风及东南信风共同作用下的贵州，受到这种远距离影响的可能性就更大。从贵州省植被退化前后的多年夏季平均风速和风向的差异来看（图 6-9），我国东南沿海地区的风速和风向均发生了较大幅度的变化，东亚季风在一定程度上减弱了，两者之差在该区形成了类似逆时针低压反气旋的特征。风场的变化势必会引起气压场和水汽场的改变。我国东南沿海地区的气压有所降低，水汽通量有所增加，说明贵州植被退化可以使较大范围内的水汽重新得到分配。

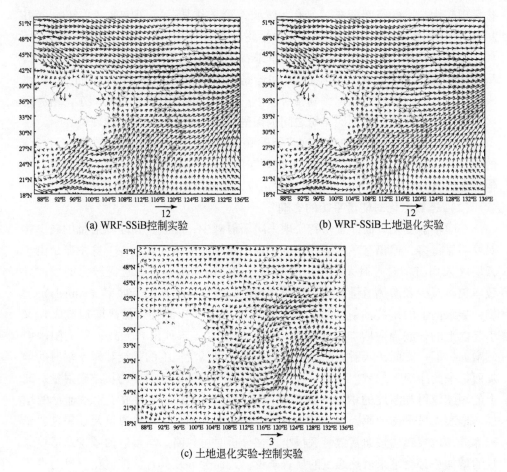

(a) WRF-SSiB控制实验　　　　　　(b) WRF-SSiB土地退化实验

(c) 土地退化实验-控制实验

图6-9　控制实验和土地退化实验的700 hPa多年夏季平均风速和风向模拟及其差异

降水量的变化与潜热通量在贵州以外的大多数地区都呈现不相关或者反相关，这说明远距离区域降水量变化是由大气环流的变化而造成的。即使在贵州周边区域（如湖北南部），也是局部环流的改变增加了降水量，进而导致潜热通量增加，同时湖北南部的净辐射没有变化，因而感热通量减少，当然这一结论仍需进一步的更高分辨率的模拟研究。通过比较降水量和水汽通量的变化可以看出，在东南沿海（如浙江和福建）及广东和广西的南部，降水量几乎随着水汽通量的增加而增加，而这几个区域也是多年（1998年、2000年、2004年）降水量和水汽通量变化特征较一致的区域。另外，还应指出，贵州以外区域的降水量变化空间分布格局与水汽通量变化空间格局并非完全一致，说明有些区域的降水量变化并非由水汽通量这一气候变量引起，可能是由垂直水汽通量积分（vertically integrated moisture flux convergence，VIMFC）等其他与大气环流状况密切相关的变量引起的。

6.4.2 气候对地表植被属性变化的敏感性研究

（1）研究步骤

本研究以 2000 年为例，借助 GIMMS 叶面积指数数据（简称 GIMMS LAI）和 FASIR 植被覆盖度（简称 FASIR VCF）数据，一方面考察具有时空变异性的遥感数据在区域环流模式和陆面过程模式的耦合模式中的应用，另一方面作为敏感性实验，揭示地表植被属性变化的区域气候效应。首先，将 6.4.1 节中 2000 年的模型设置确定为本部分研究的控制实验，该控制实验使用的是 SSiB 陆面模式配套的植被属性数据（简称原始数据）；其次，借助 WRF 模式的预处理系统（WRF Preprocessing System，WPS），以及 Fortran 编程语言，将 GIMMS LAI 数据嵌入 WRF-SSiB 模式中，其余设置均同控制实验，作为敏感性实验 1（sensitivity experiment 1）；再次，使用与上一步同样的数据，将 GIMMS LAI 数据和 FASIR VCF 数据同时嵌入 WRF-SSiB 模式中，其余设置均同控制实验，作为敏感性实验 2（sensitivity experiment 2）；最后，比较两组敏感性实验之间及其与控制实验之间在降水量模拟上的差异，分析较 Table 数据，遥感数据对模式降水模拟的影响，其中全局统计结果计算和空间格局对比的空间范围为 $18° \sim 52°N$、$86° \sim 136°E$。

当前有关地表水热通量的研究，从观测手段到建模都有了长足的进展，且随着全球变化研究的需要，以及计算机技术和航天技术的发展，遥感技术也越来越多地应用到这方面的研究中（孙睿和刘昌明，2003）。较原始数据而言，具有空间异质性的遥感数据无疑更符合客观情况，但众多不确定分析表明多种遥感反演方法仍需改善。此外，应该保证植被属性与植被类型在原始遥感数据源、空间分辨率和时间尺度等方面的一致性，以改善地表过程和气候的模拟，使得相关敏感性研究更具说服力和科学性。

（2）植被属性变化对降水量模拟的影响

当仅将原始 LAI 数据替换为遥感 LAI 数据时，可以发现，控制实验和敏感性实验 1 对 2000 年夏季日降水量模拟的空间分布格局整体差异不大（表 6-8）。与 APHRO 降水量资料相比，在全局范围上，控制实验和敏感性实验 1 无论是空间分布格局还是统计特征值都非常相似。在许多局部地区，敏感性实验 1 在降水量模拟方面有所改善。在东北部地区，这种数值上的改善尤其明显（表 6-8），控制实验降水量模拟偏大的地方，敏感性实验 1 会降低降水量的模拟数值；在控制实验降水量模拟偏小的地方，敏感性实验 1 会提高降水量的模拟数值。这种改善作用同样体现在华北地区、山东半岛南部、安徽和江苏的南部、湖北的东南部、西南地区等区域。尽管遥感 LAI 数据在研究区绝大部分地区表现为较原始 LAI 数据小的现象，但降水量的变化却是增加与减少并存，这说明 LAI 的变化不仅能够改变水热循环而且对局部环流有重要影响，这一结论仍需今后进一步的模拟与对比分析。此外，还应注意到，敏感性实验在某些区域的模拟结果相比控制实验显得更差，原因可能是尽管替换了原始 LAI 数据，但其他植被土壤数据仍使用原始数据，从而导致数据的不匹配，影响模拟效果和对比结果。

表 6-8　控制实验和敏感性实验与 APHRO 降水量资料对比的分区统计特征值

对比区域	实验项	偏差	均方根误差	相关系数
全局	控制实验	1.03	3.48	0.71
	敏感性实验 1	1.17	3.61	0.72
	敏感性实验 2	1.30	3.65	0.72
东北部	控制实验	0.48	1.76	0.39
	敏感性实验 1	0.32	1.34	0.64
	敏感性实验 2	0.55	1.51	0.54
南部	控制实验	1.95	3.26	0.54
	敏感性实验 1	2.16	3.50	0.51
	敏感性实验 2	2.40	3.80	0.56
西南部	控制实验	0.21	3.97	0.39
	敏感性实验 1	0.94	4.24	0.40
	敏感性实验 2	0.91	4.04	0.42

注：全局范围为 18°~52°N，86°~136°E；东北部范围为 36°~52°N，110°~135°E；南部范围为 24°~38°N，110°~124°E；西南部范围为 21°~34°N，97°~110°E

在敏感性实验 2 中，遥感 LAI 数据和 VCF 数据同时应用到 WRF-SSiB 模式中，但同样地，降水量宏观格局和模拟数值均与控制实验和敏感性实验 1 具有很高的相似程度。尽管敏感性实验 2 在一些区域较敏感性实验 1 有所改进，但还存在一些模拟偏差增加的区域，这仍该归因于数据的匹配问题。从上述两组敏感性实验分析可以看出，遥感数据在模式模拟中具有很好的应用性，它能推动模式模拟结果更加合理；降水量的模拟对地表植被属性具有较高的敏感性，但由于大气环流和数据匹配等的影响，降水量模拟的变化具有明显的空间异质性。

采用更多更科学的遥感植被和土壤属性数据，并详细分析地表反馈作用中涉及的各种过程将是下一步的重点工作内容。本章上述四个方面的研究中均存在一些区域模拟效果不理想，这既与地表信息表征不尽准确及研究区地形地貌和气候系统异常复杂有关，也反映了区域环流模式不确定性分析方面尚显不足，今后还应从初始化条件、侧边界状况、模拟起始时间、模拟邻域范围、其他物理过程参数化方案等方面进行研究，以提高模式模拟能力。此外，降水量与大气环流的关系研究方面也需加强。

6.5 小　结

本章借助 WRF 区域气候模式和 SSiB 陆面过程模式的耦合模式（WRF-SSiB），系统地进行了区域环流模式不确定性分析、区域环流模式动态降尺度能力评估及区域气候系统对地表植被类型变化和属性变化的敏感性研究，构建了基于数值模拟和过程分析的植被-气候相互作用构造范式。主要结论包括以下几方面。

1）通过对不同的物理参数化方案的 WRF-SSiB 耦合模式模拟结果的比较，以 Yonsei University 行星边界层方案（YSUPBL）、CAM 长波和短波辐射方案、WRF3 微物理过程方案（WSM3）及 Kain-Fritsch 积云方案组合的参数化方案得到最优模拟结果。动态降尺度能力评估结果表明 WRF-SSiB 耦合模式可用于贵州喀斯特高原的水热模拟。

2）依据喀斯特石漠化特征，设置植被退化情景，模拟结果表明石漠化过程中，植被的退化可能导致水分和能量平衡的改变，具体是由于地面反照率及气孔阻抗的增强，叶面积指数、地表粗糙度长度及土壤导水率等参数的降低，净辐射、净短波辐射、净长波辐射及潜热通量呈降低趋势；感热通量由于地表温度的升高（蒸散发减少致使冷湿效应降低），而显著增加。植被退化引起的能量传输过程的变化，使得研究区降水量减少，进而又对下垫面特征产生影响，形成植被退化—能量传输—降水量减少—植被退化的正反馈机制。

3）植被类型退化的区域气候效应主要体现在两个方面：一是，植被退化改变了地表水热平衡及感热通量与潜热通量的比例，影响大气边界层和大气圈状况，进而导致区域气候的变化，这一过程主要出现在贵州省内；二是，贵州省内植被的退化会通过改变大气圈状况和大气环流特征而影响较远距离区域的气候。由于气候系统和地表状况的复杂性，后者仍需大量理论和数值模拟工作。

4）遥感 LAI 数据和 VCF 数据的引进虽然不会改变降水量模拟的整体空间分布格局，但在许多局部地区能够通过改变水热循环和区域环流进而改善 WRF-SSiB 耦合模式的降水量模拟结果。具体表现为：控制实验降水量模拟值偏大的地方，敏感性实验会降低降水量模拟值；在控制实验降水量模拟值偏小的地方，敏感性实验会提高降水量模拟值。这说明了地表植被属性变化同样会对区域气候产生深刻影响，但同时，遥感数据与其他原始数据的不匹配也会带来一些问题。

参 考 文 献

胡向军，陶健红，郑飞，等.2008. WRF 模式物理过程参数化方案简介. 甘肃科技，24（20）：73-75.

孙睿，刘昌明.2003. 地表水热通量研究进展. 应用生态学报，14（3）：434-438.

王德炉，朱守谦，黄宝龙.2003. 贵州喀斯特区石漠化过程中植被特征的变化. 南京林业大学学报（自然科学版），27（3）：26-30.

熊康宁，陈浒，王仙攀，等.2012. 喀斯特石漠化治理区土壤动物的时空格局与生态功能研究. 中国农学通报，28（23）：259-265.

闫之辉，邓莲堂.2007. WRF 模式中的微物理过程及其预报对比试验. 沙漠与绿洲气象，1（6）：1-6.

喻理飞.2000. 退化喀斯特森林自然恢复评价研究. 林业科学，36（6）：12-19.

章国材.2004. 美国 WRF 模式的进展和应用前景. 气象，30（12）：27-31.

Castro C L S, Peilke R A, Leoncini G. 2005. Dynamical downscaling: assessment of value retained and added using the Regional Atmospheric Modeling System (RAMS). Journal of Geophysical Research, 110: D05108.

Deardorff J W. 1978. Eficient prediction of ground surface temperature and moisture with inclusion of a layer of vegetation. Journal of Geophysical Research, 83 (C4): 1889-1903.

Gao Y H, Xue Y, Peng W, et al. 2011. Assessment of dynamic downscaling of the extreme rainfall over East Asia using a regional climate model. Advances in Atmospheric Sciences, 28 (5): 1077-1098.

Kessler W. 1969. On the distribution and continuity of water substance in atmospheric circulation. Meteorological Monograph, 32 (1): 54.

Kuchler A W. 1983. World Map of Natural Vegetation. Goode's World Atlas, 16th ed.

Laprise R, Varma M R, Denis B, et al. 2000. Predictability of a nested limited-area model. Monthly Weather Review, 128: 4149-4154.

Lin Y. 1983. Bulk parameterization of the snow field in a cloud model. Journal of Applied Meteorology, 22 (6): 1065-1092.

Matthews E. 1984. Prescription of land-surface boundary conditions in GISS GCM II: a simple method based on high-resolution vegetation data bases. NASA Technical Memorandum, 86096, NTIS N8524508.

Matthews E. 1985. Atlas of archived vegetation, land-use and seasonal albedo data sets. NASA Technical Memorandum, 86199, NTIS N8431761.

Michalakes J, Chen S, Dudhia J, et al. 2001. Development of a next-generation regional weather research and forecast model. Developments in Teracomputing: Proceedings of the Ninth Ecmwf Workshop on the Use of High Performance Computing in Meteorology, 1.

Nobre C A, Sellers P J, Shukla J. 1991. Amazonian deforestation and regional climate change. Journal of Climate, 4 (10): 957-988.

Sato T, Xue Y. 2013. Validating a regional climate model's downscaling ability for East Asian summer monsoonal interannual variability. Climate Dynamics, 41 (9/10): 2411-2426.

Sellers P J, Mintz Y, Sud Y C, et al. 1986. A simple biosphere model (SiB) for use within general circulation models. Journal of the Atmospheric Sciences, 43 (6): 505-531.

Xue Y, Sellers P J, Kinter J L, et al. 1991. A simplified biosphere model for global climate studies. Journal of Climate, 4 (3): 345-364.

Xue Y, Shukla J. 1993. The influence of land surface properties on Sahel climate. Part I: Desertification. Journal of Climate, 6 (12): 2232-2246.

Xue Y. 1996. The impact of desertification in the Mongolian and the Inner Mongolian grassland on the regional climate. Journal of Climate, 9 (6): 2173-2189.

第7章 喀斯特植被碳固定的空间分布格局及其定量归因

植被生产力是人类生活所需食物、原料及燃料的来源。植物通过光合作用将太阳能固定并转化为植物生物量。单位时间和单位面积上，绿色植物通过光合作用所产生的全部有机物同化量，即光合总量，称为总初级生产力（gross primary productivity，GPP）；净初级生产力（net primary productivity，NPP）则是从光合作用所产生的有机质总量中扣除自养呼吸后的剩余部分。NPP 作为地表碳循环的重要组成部分，不仅直接反映了植被群落在自然环境条件下的生产能力，表征陆地生态系统的质量状况，而且是判定生态系统碳源/汇和调节生态过程的主要因子（Field et al.，1998）。研究植被生产力对全球变化的响应是理解陆地生态系统与气候变化相互作用的重要基础。植被作为陆地生态系统的重要组成部分，在陆地生态系统碳循环过程中起着重要作用。研究植被碳循环机制，估算植被碳储量对系统分析植被在全球变化中的贡献和生态价值，以及全球碳收支平衡具有重要意义（钟华平等，2005）。

我国西南山地的喀斯特地貌造成了基岩裸露、土壤稀薄、水分易渗漏等脆弱的环境，加上人为活动剧烈，导致该地区的森林植被一旦破坏即难以恢复，水土流失，基岩大面积出露，形成严酷的石漠化景观，严重影响当地的生态环境和社会经济发展。为揭示石漠化的生态学机理，恢复与重建该地区的石漠化生态系统，就需要对喀斯特植被生产力和稳定性进行详尽研究；然而，喀斯特生境的严酷使得野外 NPP 的取样观测极其困难，以往喀斯特地区 NPP 的估算仅局限于极少样点的野外植物收获，无法进行区域生产力的监测，更不可能估算整个西南地区喀斯特植被生产力。遥感方法在喀斯特地区主要用于石漠化的监测和土地利用的研究，估算大尺度植被生产力的工作比较局限。本研究使用 CASA 模型，通过改进其最大光能利用率及运用 30m 高分辨率的遥感数据估算，修正模型参数，利用高精度 NDVI 解译数据，对研究区域 2013～2015 年的植被 NPP 进行模拟，旨在探讨该地区植被生产力的年际和季节变化及其空间分布格局。对影响研究区域植被固碳量的主导因素和因子间交互作用进行研究，可以为喀斯特植被的保护和石漠化生态系统的恢复机理提供基础数据。

7.1 研究方法

人们无法在地区和全球尺度上直接全面地测量生态系统的生产力，因此，利用计算机模型估算陆地植被生产力已成为一种重要而广泛的方法。自20世纪60年代以来，NPP 的研究备受各国学者重视。国际生物学计划（international biological programme，IBP）于1965~1974年曾进行了大量的植物 NPP 的测定，并以测定资料为基础结合气候环境因子建立模型对植被 NPP 的区域分布进行评估，如 Miami 模型、Thornthwaite 纪念模型、Chikugo 模型等（Leith，1975；Uchijima and Seino，1985）。目前国内外关于 NPP 的研究模型很多，如气候生产力模型、生物地球化学模型、光能利用率模型、生态遥感模型等。其中，光能利用率模型估算植被 NPP 是近年来研究 NPP 的主要方法，这类模型是基于资源平衡观点（Monteith，1972），以植物光合作用过程和 Monteith 提出的光能利用率（ε）为基础建立的。Monteith 发现 NPP 和植被吸收的光合有效辐射（APAR）之间存在着稳定的关系，通过对多种农作物生物量的实验发现当水分和肥料处在最适条件时，植被 NPP 和 APAR 有很强的线性正相关关系，因此他认为植被累积的 NPP 实际就是太阳入射辐射被植被截获、吸收和转化的结果。

尽管早期的一些科学家利用 APAR-NPP 这一关系在小范围的实验点上开展植被 NPP 的估算，取得了一定的成功，但在区域及全球尺度上，由于气候类型和植被类型的多样性，其应用受到了很大的限制，问题主要存在于一些参数的确定上，全球植被最大光能利用率的取值在很大程度上会影响 NPP 的估算，不同植被类型的最大光能利用率不同。因此，基于光能利用率模型的建模思路，本章采用朱文泉等（2007）构建的 NPP 遥感估算模型计算研究区域的植被固碳量。计算方法如下：

$$NPP_t = APAR_t \times \varepsilon_t \qquad (7\text{-}1)$$

式中，NPP_t、$APAR_t$ 和 ε_t 分别表示月份 t 的植被净初级生产力（g C/m²）、植被吸收的光合有效辐射（g C/m²）和实际光能利用率（g C/MJ）。

利用遥感数据估算光合有效辐射（photosynthetic active radiation，PAR）中被植物叶子吸收的部分（APAR）是根据植被对红外和近红外波段的反射特征实现的。PAR（0.4~0.7μm）是植物光合作用的驱动力，与生物量有很强的相关性。APAR 与太阳总辐射和植物自身的特征有关，可用式（7-2）计算：

$$APAR_t = SOL_t \times FPAR_t \times 0.5 \qquad (7\text{-}2)$$

式中，SOL_t 表示月份 t 的太阳总辐射量（MJ/m²）；$FPAR_t$ 表示植被对入射光合有效辐射的吸收分量；常数 0.5 表示植被利用的太阳有效辐射占太阳总辐射的比例。

在一定范围内，FPAR 与 NDVI 之间存在着线性关系（Ruimy and Saugier，1994），这一关系可以根据某一植被类型 NDVI 的最大值和最小值及所对应的 FPAR 的最大值和最小值来确定，即

$$FPAR_{NDVI,t} = \frac{NDVI_t - NDVI_{min}}{NDVI_{max} - NDVI_{min}} \times (FPAR_{max} - FPAR_{min}) + FPAR_{min} \quad (7\text{-}3)$$

式中，$NDVI_t$ 表示月份 t 的 NDVI；$FPAR_{NDVI,t}$ 表示月份 t 内由 NDVI 估算的 $FPAR_t$；$NDVI_{min}$ 和 $NDVI_{max}$ 分别表示某种植被类型的 NDVI 的最小值和最大值；$FPAR_{min}$ 和 $FPAR_{max}$ 的取值与植被类型无关，分别为 0.001 和 0.95。

进一步的研究表明，FPAR 与比值植被指数（SR）也存在较好的线性关系（Los et al.，1994；Field et al.，1995），可由式（7-4）表示：

$$FPAR_{SR,t} = \frac{SR_t - SR_{min}}{SR_{max} - SR_{min}} \times (FPAR_{max} - FPAR_{min}) + FPAR_{min} \quad (7\text{-}4)$$

式中，$FPAR_{SR,t}$ 表示月份 t 内由 SR 估算的 $FPAR_t$；SR_{max} 和 SR_{min} 分别对应由 NDVI 最大值和最小值求得的比值植被指数，SR_t 由式（7-5）确定：

$$SR_t = \frac{1 + NDVI_t}{1 - NDVI_t} \quad (7\text{-}5)$$

通过对 $FPAR_{NDVI}$ 和 $FPAR_{SR}$ 所估算结果的比较发现，由 NDVI 所估算的 FPAR 高于实测值，而由 SR 估算的 FPAR 则低于实测值，但其误差小于直接由 NDVI 所估算的结果，考虑到这种情况，Los（1998）将这两种方法结合起来，取其平均值作为 FPAR 的估算值，此时，估算的 FPAR 与实测值之间的误差达到最小。本研究最终将式（7-3）和式（7-4）组合起来，取其平均值作为 FPAR 的估算值：

$$FPAR_t = (FPAR_{NDVI,t} + FPAR_{SR,t}) \times 0.5 \quad (7\text{-}6)$$

光能利用率是在一定时期单位面积上生产的干物质中所包含的化学潜能与同一时间投射到该面积上的光合有效辐射能之比。实际光能利用率表示植物通过光合作用将所吸收的光合有效辐射转化为有机碳的效率。环境因子，如气温、土壤水分状况及大气水汽压差等会通过影响植物的光合能力而调节植被 NPP。在遥感模型中，这些因子对植被 NPP 的调控是通过对最大光能利用率进行调节而实现的。Potter 等（1993）认为实际光能利用率主要受温度和水分的影响，当温度和水分达到理想条件时，植被具有最大光能利用率，其公式为

$$\varepsilon_t = T_{1,t} \times T_{2,t} \times W_t \times \varepsilon_{max} \quad (7\text{-}7)$$

式中，ε_t 表示实际光能利用率（g C/MJ）；$T_{1,t}$ 和 $T_{2,t}$ 分别表示高温和低温的胁迫系数；W_t 表示水分胁迫因子；ε_{max} 表示理想条件下的最大光能利用率（g C/MJ）。

$T_{1,t}$ 反映在低温和高温时植物内在的生化作用对光合的限制而降低净第一性

生产力，$T_{2,t}$反映环境温度从植物生长的最适宜温度 T_{opt} 向高温或低温变化时植物光能利用率变小的趋势，这是因为低温和高温时高的呼吸消耗必将会降低光能利用率，生长在偏离最适温度的条件下，其光能利用率也一定会降低。$T_{1,t}$ 和 $T_{2,t}$取决于植物生长的最适宜温度 T_{opt} 和该月的月平均温度 $T_{\text{mean},t}$，植物生长的最适宜温度 T_{opt} 是指研究区域内 NDVI 达到最大值时的当月平均温度。$T_{1,t}$ 和 $T_{2,t}$ 通过式（7-8）和式（7-9）求得

$$T_{1,t}=0.8+0.02\times T_{\text{opt}}-0.0005\times T_{\text{opt}}^2 \tag{7-8}$$

$$T_{2,t}=\frac{1.184}{1+\exp\left[0.2\times(T_{\text{opt}}-10-T_{\text{mean},t})\right]}\times\frac{1}{1+\exp\left[0.3\times(T_{\text{mean},t}-10-T_{\text{opt}})\right]} \tag{7-9}$$

当某月平均温度 $T_{\text{mean},t}$ 比最适宜温度 T_{opt} 高 10 ℃或低 13 ℃时，该月的 $T_{2,t}$ 值等于月平均温度 $T_{\text{mean},t}$ 为最适宜温度 T_{opt} 时 $T_{2,t}$ 值的一半。

地面干湿程度对植物生长有着十分重要的作用。一般认为，当土壤水分含量超过某一临界值时，蒸发速率不受土壤水分供应的限制，而只与气象条件有关；当土壤水分含量低于某一临界值时，蒸发速率除与气象条件有关外，还随土壤水分的有效性的降低而降低。因此，周广胜和张新时（1996a，1996b）用区域实际蒸散量与区域潜在蒸散量的比值来反映土壤水分干湿程度。水分胁迫因子 W_t 反映了植物所能利用的有效水分条件对光能利用率的影响，随着环境中有效水分的增加，W_t 逐渐增大，它的取值范围为 0.5～1，对应气候条件为极端干旱到非常湿润（朴世龙等，2001），由式（7-10）计算：

$$W_t=0.5+0.5\times\frac{\text{EV}_t}{\text{PET}_t} \tag{7-10}$$

式中，EV_t 为月份 t 的实际蒸散量（mm），根据周广胜和张新时（1995）建立的区域实际蒸散模型计算，见式（7-11）；PET_t 为月份 t 的潜在蒸散量（mm），通过标准 Penman-Monteith（P-M）公式求得，见式（7-12）：

$$\text{EV}_t=\frac{P_t\times R_{n_t}\times(P_t^2+R_n^2+P_t\times R_{nt})}{(P_t+R_{nt})\times(P_t^2+R_{nt}^2)} \tag{7-11}$$

式中，P_t 为月份 t 的降水量（mm）；R_{nt} 为月份 t 的地表净辐射 [MJ/（m·d）]。

$$\text{PET}=\frac{0.408\Delta(R_n-G)+\gamma\dfrac{900}{T_{\text{mean}}+273}u_2(e_s-e_a)}{\Delta+\gamma(1+0.34u_2)} \tag{7-12}$$

式中，Δ 表示饱和水汽压曲线斜率（kPa/℃）；R_n 表示地表净辐射 [MJ/（m·d）]；G 表示土壤热通量 [MJ/（m^2·d）]；γ 表示干湿表常数（kPa/℃）；T_{mean} 表示日平均温度（℃）；u_2 表示 2m 高处的风速（m/s）；e_s 表示饱和水汽压（kPa）；e_a 表示实际水汽压（kPa）。

7.2 喀斯特地区植被 NPP 优化模拟与空间分布

7.2.1 喀斯特地区最大光能利用率本地化

理想条件下的最大光能利用率 ε_{max} 的取值在很大程度上会影响植被 NPP 的估算，不同植被类型的最大光能利用率不同。由于全球最大光能利用率的取值对植被 NPP 的估算结果影响很大，人们对它的大小一直存在争议，Potter 等（1993）和 Field 等（1995，1998）认为全球植被的最大光能利用率为 0.389g C/MJ；在没有气候和其他因素的限制时，Raymond 和 Hunt（1994）认为光能利用率的上限为 3.5g C/MJ，而另外的研究结果则认为一些草本植物和其他植被的光能利用率介于 0.09~2.16g C/MJ（Ruimy and Saugier，1994；Paruelo et al.，1997；McCrady and Jokela，1998）；彭少麟等（2000）利用 GIS 和 RS 估算了广东植被光能利用率，认为 CASA 模型中所使用的全球植被月最大光能利用率（0.389g C/MJ）对广东植被来讲偏低。喀斯特地区特殊的碳酸盐岩基质使得当地出现土壤顶级植被类型——常绿落叶阔叶混交林，与亚热带典型的常绿阔叶林气候顶级有很大区别（Zhu，1993）。如果采用全球统一的最大光能利用率或是朱文泉等（2007）对全国植被光能利用率的模拟值计算喀斯特地区的植被 NPP，结果可能产生偏差。因此，本章参考朱文泉等（2007）对中国典型植被最大光能利用率的模拟结果，同时考虑了喀斯特地区的区域因素，结合董丹和倪健（2011）对西南地区植被最大光能利用率的改进，从而确定了研究区域各种植被的 ε_{max} 值（表7-1）。

表7-1 三岔河流域主干流植被类型的最大光能利用率

植被类型	亚热带落叶阔叶林	亚热带常绿阔叶林	针叶林	灌丛	草丛、草甸	栽培植被	其他
ε_{max}	0.565	0.636	0.389	0.429	0.542	0.542	0.389

7.2.2 喀斯特地区高精度 NDVI 解译

(1) 遥感数据获取与预处理

为满足每个月一期植被指数数据产品生产的要求，需获取空间分辨率在 30m 或更高的遥感影像，并满足每个月至少覆盖研究区域全境一次。根据研究要求，并结合该地区 2015 年过境卫星数据质量实际情况，主要选取 Landsat 8 OLI、HJ-1A/B 及 GF-1 数据，根据数据质量情况进行筛选。对于持续云覆盖导致无可用影像的月份，采用邻近年份相同月份的影像代替。对获取的遥感数据进行相关的预处理操作，并完成植被指数数据的生产。

在高分辨率遥感数据选取方面，为保证空间分辨率的一致性，首先选取空间分辨率为30m且数据质量较好的 Landsat 8 OLI 影像作为数据源，共计得到3景质量较好的影像，能够满足16期植被指数的生产。对于缺失数据的日期和地区，采用国产的 HJ-1A/B 星和 GF-1 的影像作为补充，分别获取14景和13景可用影像，其空间分辨率分别为30m和16m，能够满足植被指数生产的要求。三种数据源的详细信息见表7-2。

表7-2　2018年三岔河遥感数据获取清单

编号	传感器	日期
1	Landsat 8 OLI	2014-12-28
2		2014-12-29
		2015-02-20
3		2015-03-19
4	HJ-1A/B CCD	2013-06-16
5		2014-09-22
6		2015-10-11
7		2016-01-17
8		2015-04-04
9		2015-05-02
10	GF-1 WFV	2016-07-11
11		2015-08-21
12		2015-11-07

（2）数据处理技术方案

以 Landsat 8 OLI、GF-1 和 HJ-1A/B 数据作为数据源，经过辐射定标、大气校正、正射校正等预处理工作后，通过近红外和红光波段反射率线性组合的方式获取 NDVI，再经过异常值处理、数据镶嵌、目标区域裁剪、投影变换等后处理工作得到最终的数据产品。三岔河地区云覆盖时间较多，采用单一传感器获取数据的重返周期难以满足一个月覆盖一次的要求，且特定区域逐月数据产品的生产受卫星过境时云和气溶胶状况的影响较大，因此，对数据中的云、云影噪声，采用当月多源、多时相数据重建的方法来保证高时间、高空间分辨率 NDVI 的提取精度。对于夏季多云多雨（6月、7月、9月为主），客观上当月无可用数据的现象，采用临近年份数据进行补充。具体生产流程如下（图7-1）。

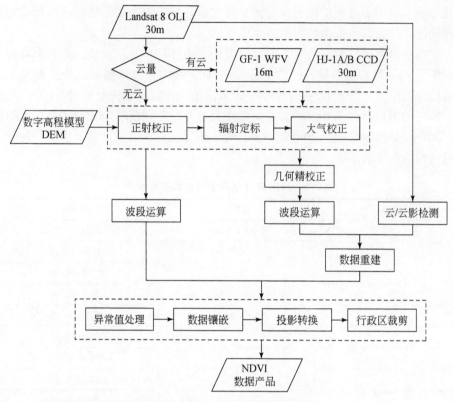

图 7-1　NDVI 数据产品生产流程图

（3）数据生产结果与验证

1）数据成果。经过上述数据处理方案，得到每月 1 期，共计 12 期的植被指数数据产品（图 7-2），数据成果展示如下。

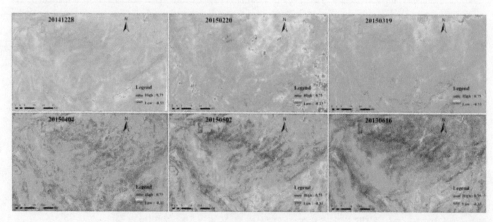

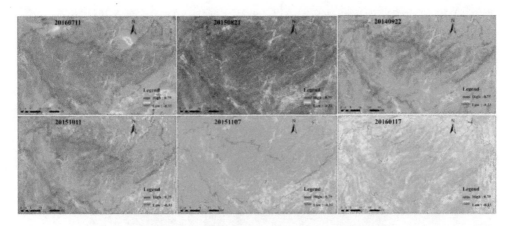

图 7-2　2015 年三岔河地区 12 期植被指数空间分布图

2）数据验证。为保证数据产品在空间上和时间上的合理性，采用 MOD13Q1
植被指数产品对本研究的数据成果进行宏观对比验证。由于云覆盖较多，对
MODIS 产品挑选晴好日数据进行逐月统计，与本研究的每月结果进行对比分析，
并在年尺度上进行空间分布对比分析（表 7-3，图 7-3）。

表 7-3　2015 年三岔河 NDVI 数据产品与 MODIS 数据产品统计

项目	1 月	2 月	3 月	4 月	5 月	6 月	7 月	8 月	9 月	10 月	11 月	12 月
NDVI_30m 均值	0.21	0.25	0.30	0.41	0.38	0.45	0.49	0.56	0.43	0.45	0.33	0.22
NDVI_MODIS 均值	0.24	0.47	0.53	0.61	0.48	0.59	0.52	0.72	0.41	0.58	0.52	0.33

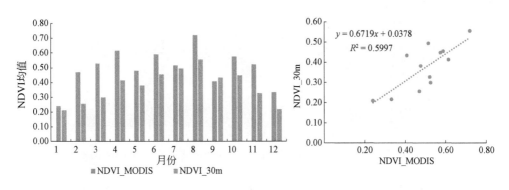

图 7-3　2015 年三岔河 NDVI 数据产品与 MODIS 数据产品对比分析

对本研究 NDVI 数据产品和 MODIS 数据产品进行逐月均值统计，并就年均
NDVI 空间分布进行展示，结果如图 7-3 和图 7-4 所示。从时间变化上来看，两

者的 NDVI 值均表现为逐渐升高，在 7~8 月达到较高的值，而后开始降低。30m 的 NDVI 数据值普遍低于 MODIS 产品的值，可能与传感器之间的差异及 MODIS 数据上的云覆盖有关。对两者进行相关性分析，决定系数达到 0.5997，表明两者具有较好的相关性。从空间分布图来看，两者的 NDVI 值空间分布趋势相同，地物之间的区分较为一致。

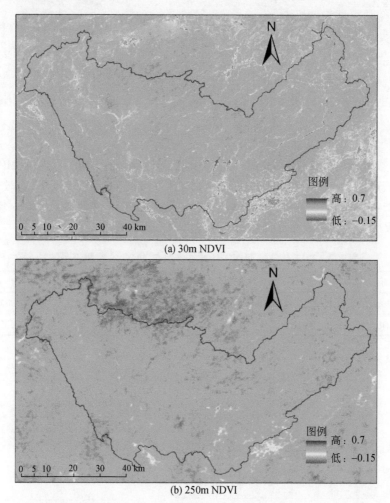

图 7-4 2015 年三岔河 NDVI 数据产品与 MODIS 数据产品空间分布图

以上分析表明，本研究生产的 NDVI 数据产品在时间和空间趋势上与 MODIS 数据产品保持较高的一致性，说明本研究的结果合理可靠。

（4）数据统计与分析

以三岔河边界作为区域范围，对 NDVI 数据产品进行统计分析，结果如表 7-4

和图 7-5 所示。三岔河逐月 NDVI 均值介于 0.21～0.56，其时间变化表现为逐渐升高并在 8 月达到最大值，而后逐渐降低，与该地区植被的生长物候期较为符合。

对各季节的 NDVI 数据进行统计分析（3～5 月为春季，6～8 月为夏季，9～11 月为秋季，12 月至次年 2 月为冬季），其均值表现为春季至夏季逐渐升高，而后逐渐下降。春季和夏季为植被生长旺盛期，导致其 NDVI 值较大。最大值、最小值和中值的相关统计和变化也显示在表 7-4、图 7-5 中。

表 7-4　2015 年三岔河 NDVI 数据产品统计

项目	1 月	2 月	3 月	4 月	5 月	6 月	7 月	8 月	9 月	10 月	11 月	12 月	春季	夏季	秋季	冬季	全年
均值	0.21	0.25	0.30	0.41	0.38	0.45	0.49	0.56	0.43	0.45	0.33	0.22	0.36	0.50	0.40	0.23	0.37
最大值	0.49	0.60	0.58	0.69	0.67	0.71	0.72	0.68	0.66	0.62	0.56	0.52	0.64	0.68	0.61	0.50	0.56
最小值	-0.32	-0.31	-0.28	-0.22	-0.33	-0.32	-0.30	-0.25	-0.21	-0.25	-0.32	-0.38	-0.25	-0.14	-0.20	-0.24	-0.17
中值	0.21	0.25	0.29	0.43	0.40	0.48	0.52	0.59	0.45	0.46	0.35	0.22	0.38	0.52	0.42	0.23	0.38

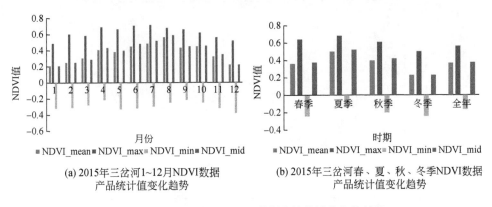

(a) 2015年三岔河1~12月NDVI数据产品统计值变化趋势　(b) 2015年三岔河春、夏、秋、冬季NDVI数据产品统计值变化趋势

图 7-5　2015 年三岔河 NDVI 数据产品统计值变化趋势

7.3　植被固碳量影响因子及交互作用研究

7.3.1　植被 NPP 空间分布特征与主导影响因子探测

三岔河流域主干流 2015 年植被 NPP 的空间分布如图 7-6 所示，年植被累积 NPP 总量介于 0～867.97gC/m²，均值为 443.42gC/m²。这一结果与张明阳等（2014）在桂西北西部喀斯特地区运用 CASA 模型模拟的 NPP 结果（422.73gC/m²）较为一

致；与王冰等（2007）在贵州省运用光合作用与呼吸作用相分离的模型计算得出的喀斯特地区 NPP 值（407.00gC/m²）较为相近，证明本研究的模拟结果具有较高的可靠性。三岔河流域主干流的植被 NPP 总量在空间格局上呈现出明显的分异特征，其高值区主要分布在流域的西北部，低值区主要分布在流域的东南部。运用地理探测器对三岔河流域主干流 2015 年植被 NPP 的主导影响因子进行探测，结果如表 7-5 所示，植被覆盖度是影响植被 NPP 空间分布的主导因子，其 q 值为0.759；土地利用类型对 NPP 的解释力次之，其 q 值为 0.167；其他影响因子对植被 NPP 空间分布的解释力大小表现为 q 值的排序，具体为温度>海拔>坡度>降水量。交互作用探测器的结果显示，植被覆盖度与温度是植被 NPP 的显著控制因子，其 q 值为 0.778。生态探测器的结果显示，中海拔平原、中海拔台地区土地利用类型和植被覆盖度对植被 NPP 空间分布的影响显著区别于其他因子；中海拔丘陵区土地利用类型、植被覆盖度和坡度对植被 NPP 的影响显著区别于其他因子；植被覆盖度、降水量、坡度是小起伏中山区影响植被 NPP 的显著因子；植被覆盖度对植被 NPP 的影响在中起伏中山区显著区别于其他因子。

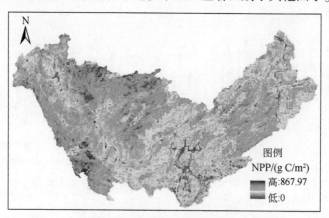

图例
NPP/(g C/m²)
高:867.97
低:0

图 7-6 2015 年三岔河流域主干流植被 NPP 空间分布

表 7-5 植被 NPP 影响因子 q 值统计

项目	植被覆盖度	土地利用类型	温度	海拔	坡度	降水量
q 值	0.759	0.167	0.160	0.150	0.103	0.047
p 值	0.000	0.000	0.000	0.000	0.000	0.000

7.3.2 不同地貌形态类型区植被 NPP 主导因子研究

地貌形态类型从宏观上控制着地表过程的发生和发展（刘燕华和李秀彬，

2007)，植被累积 NPP 作为地表过程的一种，其空间特征和主导影响因子在不同地貌形态类型区内差异显著。分异及因子探测器的运行结果表明，不同地貌形态类型区内的同一因子及同一地貌形态类型区内的不同因子对植被 NPP 空间分布的影响及其解释力有显著差异（表 7-6）。在各个地貌形态类型区中，植被覆盖度仍是影响植被 NPP 空间分布的主导因子，其解释力均大于 71%。其原因包括两点：一是植被覆盖度反映了光合面积的大小和植被生长的旺盛程度（穆少杰等，2012），植被覆盖度的高值区域植被生长较好，长势较好的植物固定和转化光合作用产物的效率较高，即植被 NPP 累积量较高，因此二者之间存在密切联系；二是本研究所使用的植被覆盖度是采用 Gutman 和 Ignatov（1998）提出的模型通过 NDVI 数据计算得出，同时，NDVI 又是 CASA 模型中计算植被 NPP 的基础因子，因此二者之间存在一定程度的联系。土地利用类型在中海拔平原和中海拔台地等相对平缓的地区对植被 NPP 的解释力，即 q 值均在 0.2 以上，该值是山地丘陵等地势起伏较大地区 q 值的近两倍，这可能是因为在地势起伏较大的地区，地形复杂、气候差异明显、生态脆弱，植被 NPP 的影响因素更为复杂。海拔对植被 NPP 的影响在山地地区更为显著，具体表现为小起伏中山和中起伏中山区的 q 值较大，分别为 0.140 和 0.166，而在其余 3 种地貌形态类型区内其 q 值均不足 0.1。此种现象的可能原因为山地地区内部相对高差较大，随着海拔的升高，植被的垂直分异性更加明显。温度对植被 NPP 的解释力在中海拔平原、小起伏中山和中起伏中山区较大，其解释力介于 0.1 ~ 0.8，而在中海拔台地和中海拔丘陵区，其 q 值约是上述 3 种地貌形态类型区 q 值的 1/5。坡度和降水量对植被 NPP 的解释力在不同地貌形态类型区中表现出明显的差异性，但其值均较小。在同一地貌形态类型区内，植被 NPP 的空间分布对不同环境因子的响应有所差异，具体表现为各个影响因子的 q 值在同一地貌形态类型区内的排序，如在中海拔平原、中海拔台地和中海拔丘陵区，土地利用类型是影响植被 NPP 空间分布的第二大主导因子；而在小起伏中山区，海拔对 NPP 的解释力仅次于植被覆盖度，排在其后的是土地利用类型、温度、坡度和降水量；在中起伏中山区，温度是影响植被 NPP 空间分布的第二大主导因子，其后是土地利用类型，但二者的 q 值相差不大。

表 7-6　不同地貌形态类型区植被 NPP 影响因子 q 值统计

地貌形态类型	植被覆盖度	土地利用类型	海拔	温度	坡度	降水量
中海拔平原	0.900	0.290	0.067	0.111	0.035	0.034
中海拔台地	0.921	0.206	0.013	0.020	0.056	0.010
中海拔丘陵	0.798	0.133	0.030	0.029	0.084	0.020

地貌形态类型	植被覆盖度	土地利用类型	海拔	温度	坡度	降水量
小起伏中山	0.712	0.121	0.140	0.118	0.063	0.018
中起伏中山	0.796	0.170	0.166	0.171	0.018	0.017

7.3.3 不同地貌形态类型区植被 NPP 影响因子交互作用研究

自然因素是生态系统和地理单元的基本组成要素，是生态系统时空分布的基础（赵文武等，2018）。但是，各种自然因子对生态系统服务的影响并不是单独起作用，而是两个或多个因子的共同作用。交互作用探测器的运行结果表明，在5 种地貌形态类型区中，因子之间的两两交互作用均能增强对植被 NPP 空间分布的解释力，且其交互作用均表现为非线性增强。本研究统计分析了解释力排在前3 位的交互作用方式，其结果如表 7-7 所示。在各个地貌形态类型区中，解释力排在前 3 位的主导交互作用方式均为植被覆盖度因子与另一影响因子的协同作用，如与温度、海拔、降水量、坡度和土地利用类型之间的交互作用。这一结果说明，喀斯特地区植被累积 NPP 的提高在考虑植被覆盖度的同时也要结合海拔、坡度等地形因子和土地利用变化等人为影响因素。通过对比不同地貌形态类型区3 组主导交互作用的 q 值，发现 3 组交互作用 q 值大小的排序均为中海拔台地>中海拔平原>中起伏中山>中海拔丘陵>小起伏中山，说明虽然环境因子对植被 NPP 有不同程度的影响，但是地貌形态类型对 NPP 空间分布的宏观控制作用更为显著。在同一地貌形态类型区中，3 组主导交互作用的 q 值均达 0.7 以上，但彼此之间的差异较小。

表 7-7 不同地貌形态类型区植被 NPP 影响因子交互作用探测

地貌形态类型	主导交互作用 1	主导交互作用 2	主导交互作用 3
中海拔平原	植被覆盖度∩温度	植被覆盖度∩海拔	植被覆盖度∩土地利用类型
	0.917	0.912	0.911
中海拔台地	植被覆盖度∩土地利用类型	植被覆盖度∩坡度	植被覆盖度∩降水量
	0.930	0.927	0.926
中海拔丘陵	植被覆盖度∩降水量	植被覆盖度∩海拔	植被覆盖度∩温度
	0.810	0.809	0.808
小起伏中山	植被覆盖度∩海拔	植被覆盖度∩温度	植被覆盖度∩土地利用类型
	0.729	0.726	0.720

地貌形态类型	主导交互作用1	主导交互作用2	主导交互作用3
中起伏中山	植被覆盖度∩温度	植被覆盖度∩海拔	植被覆盖度∩土地利用类型
	0.819	0.817	0.815

7.3.4 植被 NPP 高风险区域识别及影响因子层间 NPP 量差异性判断

风险探测器可以探测植被 NPP 的空间分布特征，识别植被 NPP 的高风险区域（置信水平为95%）。在 5 种地貌形态类型区内，植被覆盖度<0.3 的区域及坡度<5°的区域均为植被 NPP 的高风险区域，但不同地貌形态类型内平均植被 NPP 累积量有显著差异；根据统计，在各类土地利用类型中，水域和建设用地的 NPP 累积量较少，其他土地利用类型均有植被覆盖；中海拔台地区海拔1400m 左右为 NPP 的高风险区域，其余 4 种地貌形态类型中 NPP 的高风险区均为海拔较低的地区。温度和降水量与植被 NPP 的空间分布不具备显著的正向或负向相关关系，但年平均温度最高的地区及年降水量较少的地区是 NPP 的高风险区域（表7-8）。风险探测器可以判断影响因子层间植被 NPP 量的差异性，表7-9统计了有显著差异的分层组合数比例。植被覆盖度在不同地貌形态类型中的层间差异最大，有显著差异的分层组合数比例均为100%；中海拔平原和中海拔台地等较平缓的地区主要为作物种植区，土地利用类型单一，层间差异较小，而在山地丘陵地区，土地利用类型多样，层间差异较大；海拔和坡度的层间差异在中海拔平原和中海拔台地等平均海拔、平均坡度较小的地区远小于中海拔丘陵、小起伏中山、中起伏中山等平均海拔、平均坡度较大的地区；温度在中海拔平原和中海拔台地区的层间差异达到100%，随着海拔的升高，温度逐渐降低，层间差异的显著性逐渐降低。

表7-8 不同地貌形态类型植被 NPP 高风险区域及其平均值 （单位：gC/m²）

项目	中海拔平原	中海拔台地	中海拔丘陵	小起伏中山	中起伏中山
植被覆盖度	<0.3	<0.3	<0.3	<0.3	<0.3
平均值	93.50	92.68	96.66	83.31	107.99
土地利用类型	建设用地	水域	建设用地	水域	建设用地
平均值	141.56	155.15	162.66	148.38	283.94
海拔/m	0~1210	1405~1497	0~1210	0~1210	0~1210
平均值	251.63	274.46	294.85	285.53	341.68

项目	中海拔平原	中海拔台地	中海拔丘陵	小起伏中山	中起伏中山
坡度/(°)	<5	<5	<5	<5	<5
平均值	256.85	266.75	292.75	321.29	359.49
温度/℃	15.65 ~ 16.75	14.54 ~ 15.06	15.65 ~ 16.75	15.65 ~ 16.75	14.54 ~ 15.06
平均值	252.25	273.65	301.22	298.49	332.10
降水量/mm	1421 ~ 1481	1481 ~ 1547	0 ~ 1131	0 ~ 1131	1481 ~ 1547
平均值	242.88	273.42	289.18	342.43	359.45

表 7-9　各影响因子中有显著差异的分层组合数比例　　（单位:%）

影响因子	中海拔平原	中海拔台地	中海拔丘陵	小起伏中山	中起伏中山
植被覆盖度	100.00	100.00	100.00	100.00	100.00
土地利用类型	42.86	60.00	82.14	96.43	66.67
海拔	66.67	33.33	85.71	75.00	72.22
坡度	6.67	50.00	71.43	85.71	67.86
温度	100.00	100.00	57.14	75.00	75.00
降水量	33.33	0.00	67.86	77.78	60.71

7.4　小　　结

本研究使用 CASA 模型，基于高精度 NDVI 数据，参考针对喀斯特地区改进的植被最大光能利用率对三岔河流域主干流 2015 年的植被 NPP 进行模拟。在有效模拟的基础上，应用地理探测器方法识别三岔河流域主干流植被 NPP 在不同地貌形态类型区内的主导影响因子及因子间的交互作用，识别植被 NPP 的高风险区域及影响因子层间 NPP 量的差异性。主要结论如下：

1）2015 年三岔河流域主干流的年植被 NPP 均值为 443.42gC/m^2，空间分布呈现西北高东南低的特征。地理探测器的结果显示植被覆盖度与温度是植被 NPP 空间分布的显著控制因子，其 q 值为 0.778。

2）地貌形态及其内部特征对植被 NPP 的空间分布及环境因子对 NPP 的解释力具有宏观控制作用。土地利用类型、海拔、坡度、温度等因子对植被 NPP 空间分布的解释力及不同地貌形态类型区内因子的层间差异均随地貌特征的变化而显现出不同程度的差异性。

3）因子之间的两两交互作用均能增强对植被 NPP 空间分布的解释力。在不同地貌形态类型区中，3 组主导交互作用 q 值大小的排序均为中海拔台地>中海拔平原>中起伏中山>中海拔丘陵>小起伏中山。

参 考 文 献

董丹, 倪健. 2011. 利用 CASA 模型模拟西南喀斯特植被净第一性生产力. 生态学报, 31 (7): 1855-1866.

刘燕华, 李秀彬. 2007. 脆弱生态环境与可持续发展. 北京: 商务印书馆.

穆少杰, 李建龙, 陈奕兆, 等. 2012. 2001-2010 年内蒙古植被覆盖度时空变化特征. 地理学报, 67 (9): 1255-1268.

彭少麟, 郭志华, 王伯荪. 2000. 利用 GIS 和 RS 估算广东植被光利用率. 生态学报, 20 (6): 903-909.

朴世龙, 方精云, 郭庆华. 2001. 利用 CASA 模型估算我国植被净第一性生产力. 植物生态学报, 25 (5): 603-608.

王冰, 杨胜天, 王玉娟. 2007. 贵州省喀斯特地区植被净第一性生产力的估算. 中国岩溶, 26 (2): 98-104.

张明阳, 王克林, 刘会玉, 等. 2014. 生态恢复对桂西北典型喀斯特区植被碳储量的影响. 生态学杂志, (9): 2288-2295.

赵文武, 刘月, 冯强, 等. 2018. 人地系统耦合框架下的生态系统服务. 地理科学进展, 37 (1): 139-151.

钟华平, 樊江文, 于贵瑞, 等. 2005. 草地生态系统碳蓄积的研究进展. 草业科学, 22 (1): 4-11.

周广胜, 张新时. 1995. 自然植被净第一性生产力模型初探. 植物生态学报, 19 (3): 193-200.

周广胜, 张新时. 1996a. 全球变化的中国气候-植被分类研究. 植物学报, (1): 8-17.

周广胜, 张新时. 1996b. 全球气候变化的中国自然植被的净第一性生产力研究. 植物生态学报, 20 (1): 11-19.

朱文泉, 潘耀忠, 张锦水. 2007. 中国陆地植被净初级生产力遥感估算. 植物生态学报, 31 (3): 413-424.

Allen R G, Perrira L S, Raes D, et al. 1998. Crop Evapotranspiration: Guidelines for Computing Crop Water Requirements. Rome: FAO.

Field C B, Randerson J T, Malmström C M. 1995. Global net primary production: combining ecology and remote sensing. Remote Sensing of Environment, 51: 74-88.

Field C B, Behrenfeld M J, Randerson J T, et al. 1998. Primary production of the biosphere: integrating terrestrial and oceanic components. Science, 281: 237-240.

Gutman G, Ignatov A. 1998. The derivation of the green vegetation fraction from NOAA/ AVHRR data for use in numerical weather prediction models. Research of Environmental Science, 19 (8): 1533-1543.

Lieth H. 1975. Historical survey of primary productivity research. In: Lieth H, Whittaker R H ed. Primary Productivity of the Biosphere. New York: Springer-Verlag: 7-16.

Los S O, Justice C O, Tucker C J. 1994. A global 1°by 1°NDVI dataset for climate studies derived from the GIMMS continental NDVI data. International Journal of Remote Sensing, 15: 3493-3518.

Los S.O. 1998. Linkages between global vegetation and climate: An analysis based on NOAA advanced very high resolution radiometer data. Amsterdam: National Aeronautics and Space Administration (NASA).

McCrady R L, Jokela E J. 1998. Canopy dynamics, light interception, and radiation use efficiency of selected loblolly pine families. Forest Science, 44: 64-72.

Monteith J L. 1972. Solar radiation and productivity in tropical ecosystems. Journal of Applied Ecology, 9: 747-766.

Paruelo J M, Epstei H E, Lauenroth W K, et al. 1997. ANPP estimates from NDVI for the central grassland region of the United States. Ecology, 78: 953-958.

Potter C S, Randerson J T, Field C B, et al. 1993. Terrestrial ecosystem production—a process model based on global satellite and surface data. Global Biogeochemical Cycles, 7: 811-841.

Raymond E, Hunt J R. 1994. Relationship between woody biomass and PAR conversion efficiency for estimating net primary production from NDVI. International Journal of Remote Sensing, 15: 1725-1730.

Ruimy A, Saugier B. 1994. Methodology for the estimation of terrestrial net primary production from remotely sensed data. Journal of Geophysical Research, 97: 18515-18521.

Uchijima Z, Seino H. 1985. Agroclimatic evaluation of net primary productivity of natural vegetation. (1) Chikugo model for evaluating productivity. Journal of Agricultural Meteorology, 40: 343-353.

Zhu S Q. 1993. The Ecological Research on Karst Forest I. Guiyang: Guizhou Science and Technology Press: 1-50.

第8章 喀斯特生态系统服务时空权衡关系解析

生态系统服务是指生态系统与生态过程所形成及所维持的人类赖以生存的自然环境条件与效用，是人类直接或间接从生态系统获得的所有收益（Daily，1997）。各项生态系统服务的供给在动态变化过程中存在着复杂的相互关系，生态系统服务之间表现为此消彼长的状态，称为权衡；两种或多种生态系统服务表现为同增同减的形式，称为协同（李双成等，2013）。生态系统管理不能只追求单一的生态系统服务效益，而要兼顾多种生态系统服务权衡的过程，使其综合效益最大化，促进整个区域的平衡发展（郑华等，2013）。喀斯特生态系统是全球典型的脆弱生态系统之一。受地质背景、水文结构等影响，喀斯特地区土层薄、肥力差、水土资源空间不匹配、水热因子时空异质性突出，导致生态系统具有环境容量低、敏感度高、稳定性差、抗干扰能力弱等特点（熊康宁和池永宽，2015）。同时，在特殊地质、地貌、气候、水文和土壤条件影响下，喀斯特地区形成了类型多样的生态系统（侯文娟等，2016），它们为人类发展提供了涵养水源、保持水土、维持生物多样性、粮食生产、水供给和休闲娱乐等多种重要的生态系统服务功能（凡非得等，2011）。然而，喀斯特生态系统还面临着解决贫困人口、加快社会经济发展与环境保护的难题。一方面，长期过度的人类活动，导致生态系统遭到较大的破坏，石漠化日趋严重（王荣和蔡运龙，2010）；另一方面，由于喀斯特地区是贫困人口相对集中地区，在解决贫困、保持社会经济快速发展过程中，存在不合理开发和破坏生态环境的问题。这些过度和不合理的人类活动破坏了生态系统结构，进而影响喀斯特生态系统服务功能。因此，喀斯特生态系统服务研究成为当前生态系统服务研究关注的重要内容。

喀斯特地区脆弱的生态环境、破碎的地表形态及水土流失导致的石漠化现象，其实质是生态系统结构遭到破坏，从而导致生态系统功能的下降与丧失，更深层次地反映了协同关系的损害（王克林等，2015）。厘清喀斯特地区生态系统服务之间权衡和协同的空间关系，对喀斯特地区进行石漠化综合治理及提升区域生态系统服务具有重要意义（Bennett et al.，2009）。近年来，喀斯特地区生态系统服务的研究较多关注于单一的生态系统服务（Tian et al.，2016），如 Feng 等（2016）运用 RUSLE 模型和[137]Cs 方法进行广西峰丛洼地土壤侵蚀的对比模拟；

侯文娟等（2018）基于 SWAT（soil and water assessment tool）模型分析喀斯特山区的产流服务及不同服务变量的空间变异。即使考虑多种生态系统服务，也偏向于研究喀斯特地区生态系统服务价值的计算或各项生态系统服务的时空变化规律，如张明阳等（2009）借助价值当量方法进行不同尺度的生态系统服务价值评估；尚二萍和许尔琪（2017）对黔桂喀斯特山地主要生态系统服务进行时空变化分析。喀斯特地区不同生态系统服务之间存在着复杂的相互作用关系，当前西南喀斯特地区多类型生态系统服务关系的集成分析较为薄弱，制约了喀斯特生态系统服务权衡/协同关系的研究进展。

8.1 研究方法

当前生态系统服务权衡与协同分析研究仍以定性分析较多，主要是通过空间制图与统计分析法，对生态系统服务的空间权衡或协同进行判定（Bennett et al.，2009）。目前，已开发了较多的甄别生态系统服务类型间相互关系的模型，如ARIES、ESValue、EcoAIM、EcoMetrix、NAIS、SolvES 等模型。这些生态系统服务模型主要基于 RS 提供的大范围实时更新的数据源与 GIS 空间分析平台，应用空间分析算法（如相关分析），对生态系统服务类型间相互关系进行判别。然而，定量化的生态系统服务权衡与协同分析研究相对较少。本章采用生态系统服务和交易的综合评估（integrated valuation of ecosystem services and trade-offs，InVEST）模型、RUSLE 模型和 CASA 模型分别模拟研究区域的水源涵养量、土壤侵蚀量和植被固碳量，以均方根偏差法（root mean square deviation，RMSD）判别多种生态系统服务之间是否存在权衡/协同关系及受益于何种服务；运用地理探测器中的因子探测器，将水源涵养量和植被固碳量作为自变量，土壤侵蚀量作为因变量，将 q 值作为多种生态系统服务权衡关系量化的指标，从而表示三种生态系统服务两两之间空间关系的大小；本章的创新点在于将两种方法相结合，以"权衡度"的概念同时表征水源涵养量–土壤侵蚀量、植被固碳量–土壤侵蚀量之间的空间权衡关系及其大小。同时，以地理加权回归方法来评估自变量与因变量关系在空间尺度上的变异；以基于逐像元偏相关的时空统计方法用来分析时间尺度上产水量与土壤侵蚀的相关关系及除去降水量与 NDVI 等干扰因素的产水量与土壤侵蚀的净相关关系。

8.1.1 InVEST 模型

InVEST 模型是由美国斯坦福大学、大自然保护协会（The Nature

Conservancy，TNC）与世界自然基金会联合开发的生态系统服务和交易的综合评估模型，旨在通过模拟不同土地覆被情景下生态系统服务物质量和价值量的变化，为决策者权衡人类活动的效益和影响提供科学依据，实现了生态系统服务功能价值定量评估的空间化。该模型较以往生态系统服务功能评估方法的最大优点是评估结果的可视化表达，解决了以往生态系统服务功能评估用文字抽象表述而不够直观的问题。

InVEST 模型是一种用于探索生态系统的变化对改变人类福祉方面的影响和可能性大小的工具，它描绘了供应、服务和价值，将生态系统供给与人类福祉联系起来。InVEST 模型中可模拟的最终服务包括碳储存和固定、产流量、养分持留、沉积物持留、异花传粉和易损性等。在本章中 InVEST 模型主要用来模拟研究区域的产流量，使用其产流量（Water Yield）模块进行产流量模拟。

产流量模块所需的数据包括年平均降水量、年平均潜在蒸散发量、土壤最大根系埋藏深度、植物可利用水含量、土地利用等因子。产流量模块基于 Budyko 水热耦合平衡假设和年平均降水量、潜在蒸散发等数据进行评估。公式如下：

$$Y(x) = \left[1 - \frac{\text{AET}(x)}{P(x)} \right] P(x) \tag{8-1}$$

式中，$Y(x)$ 表示研究区每个栅格单元 x 的年产水量（mm）；$\text{AET}(x)$ 表示每个栅格单元 x 的年实际蒸散发量（mm）；$P(x)$ 表示每个栅格单元 x 的年降水量。

上述公式中，土地利用/覆被类型的植被蒸散发计算采用 Zhang 等（2004）提出的 Budyko 水热耦合平衡公式计算：

$$\frac{\text{AET}(x)}{P(x)} = 1 + \frac{\text{PET}(x)}{P(x)} - \left\{ 1 + \left[\frac{\text{PET}(x)}{P(x)} \right]^{\omega} \right\}^{1/\omega} \tag{8-2}$$

式中，$\text{PET}(x)$ 表示每个栅格单元 x 的年潜在蒸散量（mm）；ω 表示自然气候-土壤性质的非物理参数。

年潜在蒸散量 $\text{PET}(x)$ 可根据作物参考蒸散 ET_0 及植被蒸散系数 K_c 计算得到，ET_0 能够反映当地气候条件，采用彭曼公式计算得到，K_c 取决于植被性质，年潜在蒸散量的计算公式为

$$\text{PET}(x) = K_c(l_x) \cdot \text{ET}_0(x) \tag{8-3}$$

$\omega(x)$ 是一个经验参数，由 $\frac{\text{PAWC} \times N}{P}$ 求得，其中 N、PAWC、P 分别表示年内降水事件数、植物可利用水含量、年降水量。InVEST 模型中采用 Donohue 等（2012）提出的公式表达计算 $\omega(x)$，定义为

$$\omega(x) = Z \frac{\text{AWC}(x)}{P(x)} + 1.25 \tag{8-4}$$

式中，AWC(x) 表示土壤有效含水量（mm）；Z 表示季节常数，代表区域内的降水量分布及其他水文地质特征，值域范围为 1～30。AWC 由植物可利用水含量（PAWC）乘以土壤的最大根系埋藏深度和植物根系深度的最小值得到：

$$AWC(x) = Min(Rest. layer. depth, root. depth) \cdot PAWC \tag{8-5}$$

式中，PAWC 表示植物可利用水含量（mm），可以通过土壤机械组成计算得出：

$$PAWC = 54.509 - 0.132S_a - 0.003(S_a)^2 - 0.055s_i - 0.006(S_i)^2$$
$$- 0.738C_1 + 0.007(C_1)^2 - 2.688C + 0.501C^2 \tag{8-6}$$

式中，S_a 表示土壤沙粒含量（%）；S_i 表示土壤粉粒含量（%）；C_1 表示土壤黏粒含量（%）；C 表示土壤有机质含量（%）。

8.1.2　生态系统服务权衡/协同关系量化方法

1）地理探测器。空间分层异质性是地理现象的基本特点之一，是指层内方差之和小于层间总方差的地理现象。地理探测器是探测和利用要素的空间分层异质性并揭示其背后驱动力的统计学工具（王劲峰和徐成东，2017），包括分异及因子探测、交互作用探测、风险区探测和生态探测四个模块。地理探测器认为如果某个自变量对某个因变量有重要影响，那么自变量和因变量的空间分布应该具有相似性。基于这样的假设，该方法采用 q 值度量自变量对因变量空间分异的解释程度。本研究运用地理探测器中的分异及因子探测器，聚焦三岔河流域主干流三项主要的生态系统服务，将水源涵养量和植被固碳量作为自变量（X），土壤侵蚀量作为因变量（Y），采用 q 值来衡量自变量对因变量空间分异的解释力，公式如下：

$$q = 1 - \frac{\sum_{h=1}^{L} N_h \sigma_h^2}{N\sigma^2} = 1 - \frac{SSW}{SST} \tag{8-7}$$

$$SSW = \sum_{h=1}^{L} N_h \sigma_h^2, \quad SST = N\sigma^2 \tag{8-8}$$

式中，h 表示因变量（Y）和自变量（X）的分层；N_h 和 N 分别表示层 h 内和区域内的单元数；σ_h^2 和 σ^2 表示层 h 和全区的 Y 值的方差；SSW 和 SST 分别表示层内方差之和及全区总方差。地理探测器 q 统计量的值域为 [0, 1]，q 值越大说明因变量土壤侵蚀的空间分异性越明显，以及产水、植被固碳对土壤侵蚀的解释力越强。

2）均方根偏差法。针对三岔河流域主干流土壤侵蚀-产水、土壤侵蚀-植被碳固定的权衡关系，采用 Bradford 和 D'Amato（2012）提出的均方根偏差定量分析三项生态系统服务两两之间的权衡关系。RMSD 定量化表征单项生态系统服务的标准化数值与平均生态系统服务标准化数值之间的差异，描述了离平均状态的分散幅度。如图 8-1 所示，1∶1 线上的权衡关系为零，RMSD 到 1∶1 线的距离表示生态系统服务之间权衡关系的大小，数据点与 1∶1 线的相对位置越大表明在给定条件下该生态系统服务的收益越大。图 8-1 中各点的权衡关系大小顺序为 B>C>A，B 与 D 的权衡大小相同，但点 B 表示 ES-1 收益，点 D 表示 ES-2 收益。

$$ES_{std} = \frac{(ES_{obs/sim} - ES_{min})}{(ES_{max} - ES_{min})} \tag{8-9}$$

$$RMSD = \sqrt{\frac{1}{n-1} \sum_{i=1}^{n} (ES_i - \hat{ES})^2} \tag{8-10}$$

式中，ES_{std} 表示生态系统服务的标准化数据；$ES_{obs/sim}$ 表示生态系统服务的观测值或模拟值；ES_{min} 和 ES_{max} 分别表示生态系统服务的最小值、最大值；ES_i 表示第 i 类生态系统服务的标准化数值；$\hat{ES}$ 表示 n 类 ES_i 的期望值。

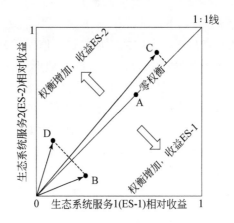

图 8-1 均方根偏差法

资料来源：Lu 等，2014

3）地理加权回归。地理加权回归（GWR）模型主要用来衡量空间上土壤侵蚀与产流量的权衡关系。传统线性回归模型是基于最小二乘法对参数进行"平均"或"全局"估计，土壤侵蚀与产流量为空间数据，且存在空间自相关性，不满足传统线性回归模型的残差项独立假设，那么传统线性回归方法不能刻画空间上土壤侵蚀与产流量的权衡关系。而 GWR 是由 Brunsdon 等（1996）提出的一种针对局域空间的分析模型，是传统回归模型的延伸，该模型将数据的空间位置加入模型方程之中，通过获取临近数据的观测值来评估自变量与因变量的关系在空间尺度上的变异。

GWR 模型的基本形式为

$$y_i = \beta_0(\mu_i, v_i) + \sum_{k=1}^{p} \beta_k(\mu_i, v_i) x_{ik} + \varepsilon_i \qquad (8\text{-}11)$$

式中，(μ_i, v_i) 表示第 i 个点的地理坐标；p 表示自变量的数量；y_i、x_{ik}、ε_i 分别表示回归点 i 的因变量、自变量和随机误差；$\beta_0(\mu_i, v_i)$ 表示回归点 i 处的模型的截距；$\beta_k(\mu_i, v_i)$ 表示回归点 i 处的模型的斜率。

参数可通过以下公式进行估计：

$$\beta(\mu_i, v_i) = [\boldsymbol{X}^{\mathrm{T}} \boldsymbol{W}(\mu_i, v_i) \boldsymbol{X}]^{-1} \boldsymbol{X}^{\mathrm{T}} \boldsymbol{W}(\mu_i, v_i) \boldsymbol{Y} \qquad (8\text{-}12)$$

式中，$\beta(\mu_i, v_i)$、$\boldsymbol{W}(\mu_i, v_i)$ 分别表示回归系数的无偏估计、空间权重矩阵，$\boldsymbol{W}(\mu_i, v_i)$ 是地理加权回归的核心，距中心点距离越近，权重越大；$\boldsymbol{X}$ 表示自变量的矩阵；$\boldsymbol{Y}$ 表示因变量的矩阵。

权重采用高斯空间权函数确定，其表达形式为

$$\omega_{ij} = \exp\left(-\frac{d_{ij}^2}{b^2}\right) \qquad (8\text{-}13)$$

式中，ω_{ij}、d_{ij} 分别表示观测点 j 的权重值、回归点 i 和某观测点 j 的欧几里得距离；b 表示带宽。当观测点与回归点间的距离超过 b 值时，权重迅速趋近于 0。

4）基于逐像元偏相关的时空统计。受气候、地形要素及人类活动的影响，土壤侵蚀与产流量均具有高度的空间异质性，二者的权衡关系在空间分布上的差异性有待探索，因此本研究使用基于逐像元偏相关的时空统计制图法研究产流量与土壤侵蚀之间的权衡关系在时间尺度上的空间分布情况。降水量、NDVI 对土壤侵蚀与产流量均有影响，因此若要准确衡量土壤侵蚀与产流量的相关关系，需求取二者之间的净相关关系，即保持 NDVI 和降水量不变，进行偏相关分析。在 ArcGIS 平台中，基于像元计算相应的相关系数与偏相关系数。

$$r_{ij} = \frac{\sum_{n=1}^{n} \left[\mathrm{ES1}_{n(ij)} - \mathrm{ES1}_{n(ij)}^{-} \right] \left[\mathrm{ES2}_{n(ij)} - \mathrm{ES2}_{n(ij)}^{-} \right]}{\sqrt{\sum_{n=1}^{n} \left[\mathrm{ES1}_{n(ij)} - \mathrm{ES1}_{n(ij)}^{-} \right]^2 \left[\mathrm{ES2}_{n(ij)} - \mathrm{ES2}_{n(ij)}^{-} \right]^2}} \qquad (8\text{-}14)$$

$$r_{12 \cdot 3(ij)} = \frac{r_{12(ij)} - r_{13(ij)} r_{23(ij)}}{\sqrt{\left[1 - r_{13(ij)}^2\right]\left[1 - r_{23(ij)}^2\right]}} \qquad (8\text{-}15)$$

$$r_{12 \cdot 34(ij)} = \frac{r_{12 \cdot 3(ij)} - r_{14 \cdot 3(ij)} r_{24 \cdot 3(ij)}}{\sqrt{\left[1 - r_{14 \cdot 3(ij)}^2\right]\left[1 - r_{24 \cdot 3(ij)}^2\right]}} \qquad (8\text{-}16)$$

ES1 与 ES2 分别代表产流量和土壤侵蚀；r 为二者之间的相关系数；i、j 分别代表栅格数据中具体像元的行号和列号；n 为栅格数据的时间序列，数值为 1，2，…，16。$r_{12(ij)}$ 代表在年份 n 时，年降水量与年 NDVI 均发生变化的情况下，

产流量与土壤侵蚀在像元 ij 上的简单相关系数。同理，可求得 $r_{13(ij)}$、$r_{23(ij)}$、$r_{14(ij)}$、$r_{24(ij)}$ 与 $r_{34(ij)}$；$r_{12·3(ij)}$ 代表在年降水量不变的情况下，产流量与土壤侵蚀在像元 ij 上的一级偏相关系数，同理可求得 $r_{14·3(ij)}$ 与 $r_{24·3(ij)}$，$r_{12·34(ij)}$ 代表在年降水量与 NDVI 不变的情况下，产流量与土壤侵蚀在像元 ij 上的二级偏相关系数。

统计 ES1 与 ES2 的偏相关系数：若偏相关系数大于 0，表明土壤侵蚀与产流量之间为协同关系；若偏相关系数小于 0，表明土壤侵蚀与产流量之间存在权衡关系；若偏相关系数为 0，表明土壤侵蚀与产流量之间无相关关系。偏相关系数越大，表明二者之间的相关性越强。若负值越大，表明权衡关系越强；若正值越大，表明协同关系越强。偏相关较好地考虑了土壤侵蚀与产流量之间的净相关关系，对二者空间权衡的认识更加清晰。

8.2　地理环境因子梯度下生态系统服务空间权衡分析

8.2.1　喀斯特生态系统服务模拟验证及其空间分布特征

贵州省水利厅发布的 2011～2015 年水土保持公告中 2015 年全省喀斯特区域土壤侵蚀模数为 279.47t/km²，2009 年贵州省毕节市鸭池高原山地区平均侵蚀量为 4.72t/km²（熊康宁等，2012）。本研究中 RUSLE 模型模拟的三岔河流域主干流土壤侵蚀模数为 3.19t/（km²·a），与上述结果基本相近。根据水利部《土壤侵蚀分类分级标准》（SL 190—2007），侵蚀等级属于微度侵蚀［图 8-2（a）］。通过与三岔河流域主干流基岩裸露率情况的对比，印证了 Feng 等（2016）提出的基岩露头和薄土层地区无土可流的情况可能会导致岩溶地区的土壤侵蚀量低于非岩溶地区。基于 2015 年的实测月径流资料，本研究采用 Nash-Sutcliffe 效率 E_{NS} 和确定性系数 R^2 来验证 InVEST 模型模拟月产流量、年产流量的可靠性。结果表明，InVEST 模型模拟的水源涵养量与实测值之间具有很高的相关性，即 E_{NS} = 0.802，R^2 = 0.938，模拟效果良好，结果较为可信。图 8-2（b）显示三岔河流域主干流五年平均的水源涵养量空间分布差异明显，呈现出由北向南逐渐递减的分布规律，水源涵养量范围为 118.77～1230.14mm，均值为 917.58mm。张明阳等（2014）在桂西北西部喀斯特地区运用 CASA 模型模拟的植被 NPP 值为 422.73gC/m²；王冰等（2007）在贵州省运用光合作用与呼吸作用相分离的模型计算得出的喀斯特地区植被 NPP 值为 407gC/m²。本研究得出的三岔河流域主干流年植被 NPP 累积量范围为 0～1035.68gC/m²，平均值为 459.13gC/m²，该值与上述喀斯特地区植被 NPP 的研究结果较为一致，证明本研究 CASA 模型模拟的植被 NPP 值较为可信。三岔河流域主干流植被 NPP 的累积量呈现西北高东南低的空间分布特征［图 8-2（c）］，这一空间分布特征与研究区的植被类型密切相关。研究区的西北地区分布有大面积的草原，较之于东南地区的灌丛，最大光能利用率较高，植被所能利用的水分条件较好。

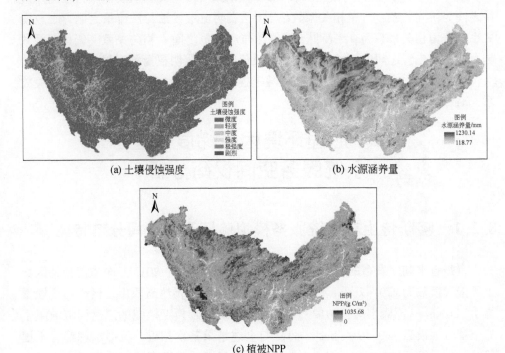

(a) 土壤侵蚀强度　　　　　　　　(b) 水源涵养量

(c) 植被NPP

图 8-2　三岔河流域主干流水源涵养量、土壤侵蚀强度和植被 NPP 的空间分布

8.2.2　地理环境因子梯度下的喀斯特生态系统服务空间权衡关系

生态系统服务之间的复杂关系受到自然因素（如海拔、坡度、气候等）和人为因素（包括政策、市场、偏好等）的共同作用。其中，自然因素是生态系统服务时空分布的基础（赵文武等，2018）。王欢等（2018）基于地理探测器的喀斯特地区土壤侵蚀的定量归因研究发现，土地利用和坡度是决定土壤侵蚀空间异质性的主导因子；Wang 等（2004）认为大面积的陡坡垦荒是造成水土流失和岩溶石漠化的主要原因；熊康宁等（2012）在典型喀斯特石漠化治理区发现，随着植被的生长和恢复，水土流失量逐年降低，石漠化治理区的植被覆盖度与保土

作用存在明显的正相关关系。地质、地貌因素是脆弱生态系统得以存在、发展的载体与物质基础，地貌类型从宏观上控制了自然生态环境的特征与区域水土流失强度，直接决定生态系统服务的供给与维持（曹建华等，2008）。三岔河流域主干流海拔、坡度、降水、植被覆盖度的空间分布如图 8-3 所示，其地貌形态类型如图 8-4 所示。

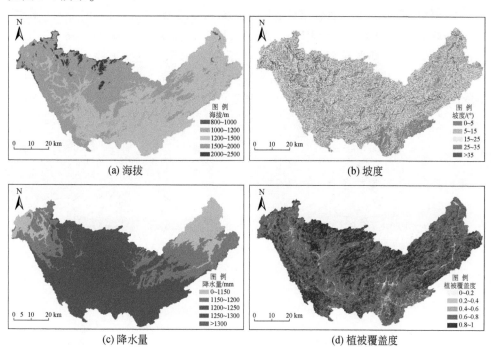

图 8-3　三岔河流域主干流海拔、坡度、降水量、植被覆盖度的空间分布

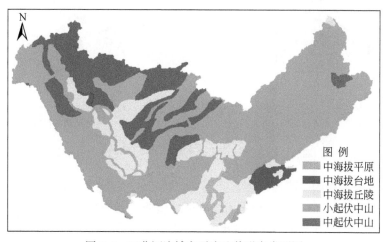

图 8-4　三岔河流域主干流地貌形态类型图

（1） 地理环境因子梯度下水源涵养–土壤侵蚀空间权衡关系

水源涵养与土壤侵蚀之间的空间权衡度在不同环境因子梯度下表现出明显的空间分异性（图8-5）。植被覆盖度对水源涵养–土壤侵蚀之间空间权衡度的影响最为显著。当植被覆盖度介于 0 ~ 0.2 时，水源涵养与土壤侵蚀之间的空间权衡度出现最大值，为 0.55。随着植被覆盖度的增大，二者之间的空间权衡度逐渐减小。不同梯度海拔因子的运行结果表明，水源涵养与土壤侵蚀之间的空间权衡度在以 1000m 为界限的低海拔和中海拔地区表现出明显的空间差异性。具体表现为二者之间的空间权衡度在 800 ~ 1000m 的低海拔区域未通过显著性检验，而在海拔大于 1000m 的中海拔区域空间权衡度较高。坡度和降水量因子对水源涵养–土壤侵蚀之间空间权衡关系的影响较小，但空间权衡度在不同梯度下仍表现出明显的差异性。

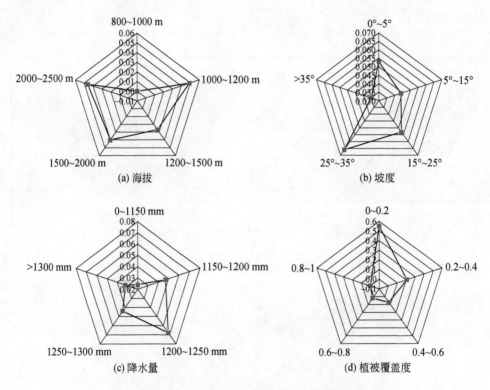

图 8-5 地理环境因子梯度下的水源涵养–土壤侵蚀空间权衡度

（2） 地理环境因子梯度下植被固碳–土壤侵蚀空间权衡关系

海拔、坡度、降水量、植被覆盖度四项地理环境因子的不同梯度对植被固碳–土壤侵蚀之间的空间权衡关系表现出不同程度的影响，其空间权衡度的大小随地理环境因子的梯度变化表现出一定的规律（图 8-6）。在海拔梯度下，植被固碳与土壤侵蚀之间的权衡度仍以 1000m 为分界线，在 800～1000m 的低海拔区域内其空间权衡关系不显著；在海拔大于 1000m 的中海拔地区，空间权衡度随着海拔的升高而逐渐增大，最大值为 0.451。在坡度梯度下，植被固碳-土壤侵蚀空间权衡度随着坡度的升高而逐渐增大，最大值出现在坡度大于 35° 的地区，其值为 0.62。降水量因子对植被固碳-土壤侵蚀空间权衡关系的影响较为显著，五个降水量等级下其空间权衡度介于 0.195～0.297。植被固碳与土壤侵蚀之间的空间权衡度在植被覆盖度介于 0.6～0.8 时达到最大值 0.10，在植被覆盖度介于 0～0.4 和 0.8～1 时，空间权衡度并不显著。

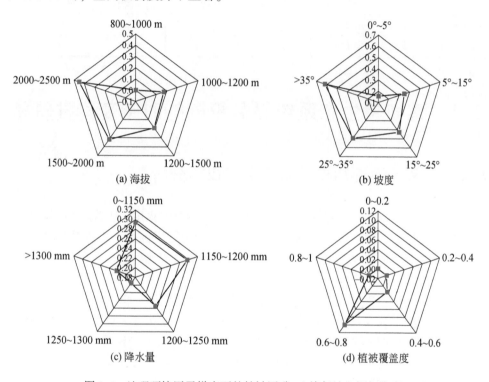

图 8-6　地理环境因子梯度下的植被固碳-土壤侵蚀空间权衡度

8.3　不同地貌形态类型区生态系统服务权衡关系空间分异研究

受地貌的宏观控制作用及地貌形态特征的影响，水源涵养-土壤侵蚀、植被固碳-土壤侵蚀的空间权衡度在不同地貌类型区表现出不同程度的敏感性，其值随地形起伏度的变化表现出一定的规律（表8-1）。具体表现为：水源涵养与土壤侵蚀之间的空间权衡度在相对平坦的中海拔平原区达到最大值0.169，该值是其余四类地形起伏度较大的地貌形态类型区空间权衡度的2倍以上。植被固碳与土壤侵蚀之间空间权衡度的最大值出现在中起伏中山区，其值为0.334。随着不同地貌形态类型区地形起伏度的变化，植被固碳与土壤侵蚀之间的空间权衡度表现出随地形起伏度升高而逐渐增大的趋势，具体表现为空间权衡度在各地貌形态类型区的排序：中海拔平原<中海拔台地<中海拔丘陵<小起伏中山<中起伏中山。

表8-1 不同地貌形态类型区生态系统服务空间权衡度

项目	中海拔平原	中海拔台地	中海拔丘陵	小起伏中山	中起伏中山
水源涵养–土壤侵蚀	0.169	0.047	0.029	0.031	0.068
植被固碳–土壤侵蚀	0.076	0.098	0.197	0.268	0.334

8.4 喀斯特生态系统服务权衡的时空变异性解析

8.4.1 基于地理加权回归的空间权衡分析

为了能够比较不同影响因子对土壤侵蚀影响的重要程度，首先将各影响因子进行标准化处理，使其数值范围位于0~1，包括土壤侵蚀量、产流量、降水量、海拔、坡度、林地面积比例、草地面积比例、耕地面积比例、植被覆盖度、地形起伏度等因子，进而利用GWR方法计算回归系数。不同影响因子的平均地理加权回归系数如图8-7所示。地形起伏度、坡度、耕地面积比例、草地面积比例在空间上与土壤侵蚀表现为协同关系，意味着随着地形起伏度、坡度、耕地面积比例、草地面积比例的升高，土壤侵蚀量均呈增加趋势。而产流量、海拔、NDVI、林地面积比例在空间上与土壤侵蚀表现为权衡关系。意味着空间上栅格单元的产流量、海拔、植被覆盖度、林地面积比例越高，土壤侵蚀量越小。产流量与土壤侵蚀表现为权衡关系，其原因在于，土壤侵蚀与产流量空间分布的主导因子均为土地利用类型，而不同土地利用类型的产流及侵蚀机制不一致，如在未利用地、建设用地地区，产流量最高，但土壤侵蚀量却最低，草地的产流量大于耕地，而土壤侵蚀量远远小于耕地，因此在空间上表现为权衡关系。如图8-8所示，产流量与土壤侵蚀具有权衡和协同关系共同存在的特征，在空间上呈现上游、下游大部分地区为权衡关系，中游为协同关系的格局。三岔河流域主干流中63.3%的面积表现为权衡关系。

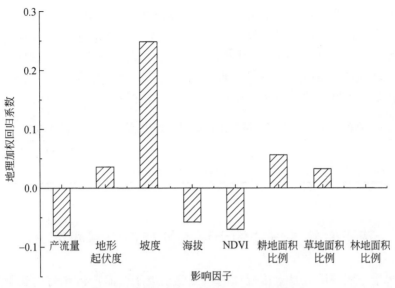

图 8-7　不同影响因子的地理加权回归系数
林地面积比例因数值太小，未在图中显示

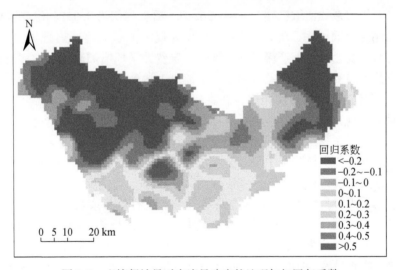

图 8-8　土壤侵蚀量对产流量响应的地理加权回归系数

　　不同地貌形态类型区，土壤侵蚀与产流量呈现出不同的权衡协同关系（表8-2）。中海拔平原、中海拔台地区，土壤侵蚀与产流量的回归系数为正值，表现为协同关系，即产流量越多的地区土壤侵蚀量越多。而在中海拔丘陵、小起伏中山、中起伏中山等山地丘陵区，地理加权回归系数均为负值，且随着地形起伏度的增加，其绝对值呈现上升趋势，表现为权衡作用增强，受地形、气候、人类活动等多种因素影响，产流量越多的地方土壤侵蚀量反而越少。此外，统计了不同土地利用类型土壤侵蚀与产流量的权衡/协同关系，包括草地、耕地、林地三种土地利用类型。其中，草地产流量与土壤侵蚀表现为权衡关系，地理加权回归系数为 -0.079；耕地产流量与土壤侵蚀表现为协同关系，地理加权回归系数为 0.002；林地产流量与土壤侵蚀表现为权衡关系，地理加权回归系数为 -0.019。

表 8-2 不同地貌形态类型区土壤侵蚀与产流量地理加权回归系数

地貌形态类型	小起伏中山	中海拔平原	中海拔丘陵	中海拔台地	中起伏中山
地理加权回归系数	-0.065	0.149	-0.002	0.050	-0.227

8.4.2 基于偏相关方法的土壤侵蚀与产流量权衡分析

降水量与地表径流是土壤侵蚀的直接驱动因子，而产流作为地表服务的一种，同样受降水量、土地利用等因子驱动，产流量与土壤侵蚀之间势必存在相关性。首先，基于相关系数计算方法计算土壤侵蚀与产流量的相关系数，如图 8-9 所示，二者相关系数值域区间为 [-0.36, 0.87]，均值为 0.555，研究区 99.9% 的面积表现为协同关系，0.1% 的面积表现为权衡关系，整体表现为协同关系，意味着时间尺度上，随着产流量的增加，土壤侵蚀呈现增加趋势。土壤侵蚀与产流量权衡关系的空间异质性差异明显，由流域上游到中下游，协同关系增强。然而产流量与土壤侵蚀的相互作用存在直接影响（即产流量直接影响土壤侵蚀），也存在间接影响，如某一影响因子对产流量和土壤侵蚀均有影响，进而二者受共通因素驱动。因而，二者之间关系复杂，为计算二者之间的净相关关系，本研究采用偏相关方法依次排除降水量、NDVI，降水量及 NDVI 的共同影响计算土壤侵蚀与产流量的一阶偏相关系数、二阶偏相关系数。

如表 8-3 所示，NDVI 与土壤侵蚀量、产流量的相关系数均为负值，表明随着植被覆盖度的上升，土壤侵蚀量与产流量呈现降低趋势；降水量与土壤侵蚀、产流量的相关系数均为正值，表明随着降水量的上升，土壤侵蚀量与产流量呈现上升趋势。降水量及 NDVI 对土壤侵蚀与产流量有同向促进的作用。该作用会影响土壤侵蚀与产流量之间的相互关系。借助于一阶偏相关系数计算方法计算去除降水和植被覆盖度的影响后，土壤侵蚀与产流量的偏相关系数，结果如图 8-10 所示。图 8-10（a）表示去除降水量因素外的一阶偏相关系数，取值范围在 -0.60~0.84，均值为 -0.0297，流域 74.61% 的面积表现为权衡关系，25.39% 的面积表现为协同关系，整体表现为权衡关系。这一相关系数为去除降水量对土壤侵蚀及产流量的共同影响后的净相关系数。去除降水量影响后，土壤侵蚀与产流量整体表现为权衡关系的可能原因为，产流量对降水量的影响更为显著（由地理探测器 q 值大小即可看出），若由第一年到第二年产流量增加了 50mm，由降水量导致的增加部分为 60mm，则除去降水量因子以外的其他因子导致产流量减少了 10mm，土壤侵蚀量增加了 $2t/(hm^2 \cdot a)$，而由降水量导致土壤侵蚀量增加了 $1t/(hm^2 \cdot a)$，那么其他因子导致土壤侵蚀量增加了 $1t/(hm^2 \cdot a)$，其他因子包括土地利用变化、土地利用变化与其他因子的交互作用、降水量与其他因子的交互作用等。同理，若其他因子导致产流量增加，而土壤侵蚀量减少同样可造成土壤侵蚀量与产流量之间空间权衡关系的存在。

图 8-10（b）为去除 NDVI 的影响后，土壤侵蚀和产流量的空间权衡关系分布图，二者的偏相关系数范围在 -0.29 ~ 0.88，均值为 0.599，99.88% 的面积表现为协同关系，0.12% 的面积表现为权衡关系，整体表现为协同关系。NDVI 与土壤侵蚀和产流量的相关系数小于降水量与土壤侵蚀和产流量的相关系数，即 NDVI 对土壤侵蚀、产流量的影响小于降水量，去除 NDVI 对二者的共通影响后，土壤侵蚀与产流量的相关关系减弱。

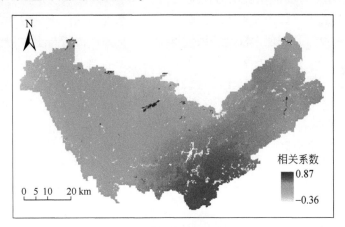

图 8-9　土壤侵蚀及产流量相关系数

表 8-3　不同因子之间的相关系数

因子1	因子2	相关系数
土壤侵蚀量	产流量	0.555
土壤侵蚀量	降水量	0.992
土壤侵蚀量	NDVI	-0.565
产流量	降水量	0.560
产流量	NDVI	-0.134

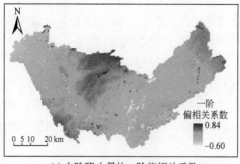
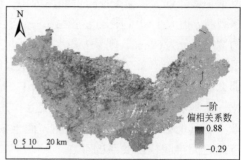

(a) 去除降水量的一阶偏相关系数　　　　　(b) 去除NDVI的一阶偏相关系数

图 8-10　去除降水量的一阶偏相关系数和去除 NDVI 的一阶偏相关系数

借助于二阶偏相关分析方法计算得到去除降水量与 NDVI 的影响之后，三岔河流域主干流产流量与土壤侵蚀的空间权衡关系如图 8-11 所示。偏相关系数均值为-0.04，70.7% 的面积表现为权衡关系，29.3% 的面积表现为协同关系，整体表现为权衡关系。如表 8-4 所示，不同地貌形态类型区，土壤侵蚀与产流量偏相关系数均为负值，表现为权衡关系。据统计，林地产流量与土壤侵蚀偏相关系数为 0.025，表现为协同关系；耕地产流量与土壤侵蚀偏相关系数为-0.03，表现为权衡关系；草地产流量与土壤侵蚀偏相关系数为-0.054，表现为权衡关系。土壤侵蚀与产流量之间的空间权衡关系具有空间不确定性的原因在于降水量、NDVI 对二者的影响程度及解释力不等，原理同上述一阶偏相关中去除降水量影响的分析类似，剩余影响因子导致其二者的增加或减少趋势不一致，进而出现权衡关系。

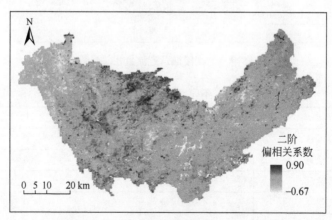

图 8-11　土壤侵蚀与产流量的二阶偏相关系数

表8-4　不同地貌形态类型区土壤侵蚀与产流量二阶偏相关系数

地貌形态类型	小起伏中山	中海拔平原	中海拔丘陵	中海拔台地	中起伏中山
地理加权回归系数	−0.043	−0.044	−0.027	−0.016	−0.042

　　如图8-12所示，不同地貌形态类型区，产流量与土壤侵蚀的权衡协同面积比例有所差异，在所有地貌形态类型中，权衡关系所占面积均大于协同关系，权衡关系在中海拔台地区所占面积比例最小，为56%，协同关系在该区所占面积比例最大，为44%。权衡关系在中海拔平原区所占面积比例最大，达到77%，而协同关系在该区所占面积比例最小，为23%。在草地、耕地、林地三种土地利用类型中，林地中权衡关系所占面积比例最小，为64%；草地中权衡关系所占面积比例最大，为78%。

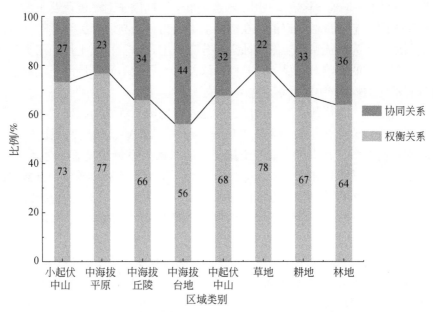

图8-12　不同区域土壤侵蚀与产流量权衡/协同关系所占面积比例

8.5 小　　结

　　从空间权衡关系的角度分析，研究区水源涵养与土壤侵蚀、植被碳固定与土壤侵蚀之间均为空间权衡关系，且水源涵养和植被碳固定的收益相对更多。海拔、坡度、降水量、植被覆盖度四个地理环境因子对水源涵养–土壤侵蚀、植被碳固定–土壤侵蚀之间的空间权衡关系均有不同程度的影响。地貌形态类型对生态系统服务之间复杂的相互关系表现出宏观的控制作用。具体表现为水源涵养-土壤侵蚀之间的空间权衡度随地形起伏度的增大而减小；植被固碳-土壤侵蚀的空间权衡度随地形起伏度的增大而增大。

从时间尺度上探究研究区生态系统服务之间的权衡关系，同时剔除共同影响因子后对生态系统服务之间的权衡/协同关系进行偏相关分析，结果显示：研究区土壤侵蚀与产流量存在复杂的相互关系，土壤侵蚀与产流量在空间尺度及时间尺度上均表现为权衡协同关系共同存在，权衡关系所占面积比例较大，协同关系所占面积比例较小。土壤侵蚀与产流量的空间权衡关系受多个要素影响，其影响因素包括地形、人类活动、气候因子等。例如，不同土地利用类型对土壤侵蚀和产流量的影响截然不同，不同土地利用类型土壤侵蚀排序为旱地>草地>水田>林地>建设用地=水体（侵蚀为0），而不同土地利用类型产流量的排序为建设用地>未利用地>草地>旱地>林地>水田>水域。由于不同因子对产流量及土壤侵蚀的作用机制不同，土壤侵蚀与产流量在空间上表现为权衡与协同关系并存。本研究中土地利用类型为产流量和土壤侵蚀空间分布的主导因子，而土地利用类型对产流量及土壤侵蚀的影响具有显著差异性，该差异性导致不同区域的土壤侵蚀与产流量具有不同的权衡/协同关系。

空间尺度上，地形起伏度、坡度、耕地面积比例、草地面积比例与土壤侵蚀具有协同关系，坡度是主导因素。产流量、海拔、NDVI、林地面积比例与土壤侵蚀具有权衡关系，其中产流量与土壤侵蚀的权衡关系最为显著。时间尺度上，土壤侵蚀与产流量为正相关关系，即协同关系，随着产流量的增加，土壤侵蚀量增加。然而，该相关关系受到土壤侵蚀和产流量共通因素的影响，包括降水量和NDVI，降水量与NDVI对产流量与土壤侵蚀具有同向的作用关系，即降水量促进土壤侵蚀与产流量的产生，NDVI对产流量和土壤侵蚀具有抑制作用。去除降水量的影响后，土壤侵蚀与产流量之间整体表现为权衡关系；去除NDVI的影响后，土壤侵蚀与产流量表现为协同关系；同时去除NDVI及降水量的影响后，土壤侵蚀与产流量表现为权衡关系。

参 考 文 献

曹建华, 袁道先, 童立强. 2008. 中国西南岩溶生态系统特征与石漠化综合治理对策. 草业科学, 25 (9): 40-50.

凡非得, 罗俊, 王克林, 等. 2011. 桂西北喀斯特地区生态系统服务功能重要性评价与空间分析. 生态学杂志, 30 (4): 804-809.

侯文娟, 高江波, 戴尔阜, 等. 2018. 基于SWAT模型模拟乌江三岔河生态系统产流服务及其空间变异. 地理学报, 73 (7): 1268-1282.

侯文娟, 高江波, 彭韬, 等. 2016. 结构—功能—生境框架下的西南喀斯特生态系统脆弱性研究进展. 地理科学进展, 35 (3): 320-330.

李双成, 张才玉, 刘金龙, 等. 2013. 生态系统服务权衡与协同研究进展及地理学研究议题. 地理研究, 32 (8): 1379-1390.

尚二萍, 许尔琪. 2017. 黔桂喀斯特山地主要生态系统服务时空变化. 资源科学, 39 (10): 2000-2015.

王冰, 杨胜天, 王玉娟. 2007. 贵州省喀斯特地区植被净第一性生产力的估算. 中国岩溶, 26 (2): 98-104.

王欢, 高江波, 侯文娟. 2018. 基于地理探测器的喀斯特不同地貌形态类型区土壤侵蚀定量归因. 地理学报, 73 (9): 1674-1686.

王劲峰, 徐成东. 2017. 地理探测器: 原理与展望. 地理学报, 72 (1): 116-134.

王克林, 陈洪松, 岳跃民. 2015. 桂西北喀斯特生态系统退化机制与适应性修复试验示范研究. 科技促进发展, 11 (2): 179-183.

王荣, 蔡运龙. 2010. 西南喀斯特地区退化生态系统整治模式. 应用生态学报, 21 (4): 1070-1080.

熊康宁, 李晋, 龙明忠. 2012. 典型喀斯特石漠化治理区水土流失特征与关键问题. 地理学报, 67 (7): 878-888.

熊康宁, 池永宽. 2015. 中国南方喀斯特生态系统面临的问题及对策. 生态经济, 31 (1): 23-30.

张明阳, 王克林, 陈洪松, 等. 2009. 喀斯特生态系统服务功能遥感定量评估与分析. 生态学报, 29 (11): 5891-5901.

张明阳, 王克林, 刘会玉, 等. 2014. 生态恢复对桂西北典型喀斯特区植被碳储量的影响. 生态学杂志, 33 (9): 2288-2295.

赵文武, 刘月, 冯强, 等. 2018. 人地系统耦合框架下的生态系统服务. 地理科学进展, 37 (1): 139-151.

郑华, 李屹峰, 欧阳志云, 等. 2013. 生态系统服务功能管理研究进展. 生态学报, 33 (3): 702-710.

Bennett E M, Peterson G D, Gordon L J. 2009. Understanding relationships among multiple ecosystem services. Ecology Letters, 12 (12): 1394-1404.

Bradford J B, D'Amato A W. 2012. Recognizing trade-offs in multiobjective land management. Frontiers in Ecology and the Environment, 10 (4): 210-216.

Brunsdon C, Fotheringham A S, Charlton M E. 1996. Geographically weighted regression: a method for exploring spatial nonstationarity. Geographical Analysis, 28 (4): 281-298.

Daily G C. 1997. Nature's Services: Societal Dependence on Natural Ecosystems. Washington D. C: Island Press.

Donohue R J, Roderick M L, Mcvicar T R. 2012. Roots, storms and soil pores: Incorporating key ecohydrological processes into Budyko's hydrological model. Journal of Hydrology, 436-437: 35-50.

Feng T, Chen H S, Polyakov V O, et al. 2016. Soil erosion rates in two karst peak-cluster depression basins of northwest Guangxi, China: Comparison of the RUSLE model with 137Cs measurements. Geomorphology, 253: 217-224.

Lu N, Fu B J, Jin T T, et al. 2014. Trade-off analyses of multiple ecosystem services by plantations along a precipitation gradient across Loess Plateau landscapes. Landscape Ecology, 29 (10): 1697-1708.

Tian Y C, Wang S J, Bai X Y, et al. 2016. Trade-offs among ecosystem services in a typical karst watershed, SW China. Science of The Total Environment, 566-567: 1297-1308.

Wang S J, Liu Q M, Zhang D F. 2004. Karst rocky desertification in southwestern China: Geomorphology, landuse, impact and rehabilitation. Land Degradation & Development, 15 (2): 115-121.

Zhang L, Hickel K, Dawes W R, et al. 2004. A rational function approach for estimating mean annual evapotranspiration. Water Resources Research, 40 (2): 89-97.

第 9 章 主要结论与展望

9.1 主 要 结 论

本书全面介绍了作者课题组在过去近 10 年间取得的喀斯特生态系统服务相关研究进展，一项系统性的研究必然由诸多细致工作集成，其中的核心逻辑是实现"小而不散"，这背后的支撑自然离不开科学工作者所需要的基本素养，即哲学思维和理论基础。哲学思维应该是本体论、方法论和认识论的有机组合，本体论即明确研究议题的本质，这是一项工作的出发点，方法论是实现创新的关键，也是达到对某一问题科学认识的必经途径，综合来说，就是要阐明研究什么、怎么研究、得到什么。同时，我们也非常明确地坚持了地理学过程-格局耦合理论，无论在土地利用、植被覆盖，还是生态系统服务及其定量关系等议题的研究中，都是遵循这一理论基础。这里，以本体论、方法论和认识论三个维度，介绍本书的主要结论：

1）对于本体论，它反映了一项研究的导向性，本书主要关注地理学结构与功能两个关键议题。对于结构，我们全面分析了不同区域尺度土地利用与植被覆盖的时空异质性及其驱动机制，这项工作特别重视了宏观尺度上气候的控制作用和流域尺度上人类活动的直接影响；对于功能，遴选了喀斯特地区最为关键的三项生态系统服务，包括土壤保持、水源涵养、碳固定，并基于驱动-过程-效应的逻辑链接到结构部分的研究内容，重点在于解析这些服务在空间上的异质性和时间上的变异性，并进一步从区域尺度明确不同服务的主导因子及其演变规律。

2）对于方法论，重点在于一些通用模型方法在喀斯特这一特殊地质地貌区域的适用性改进，该区域的地上地下二元水文地质结构、石林出露的阻挡效应、重度石漠化无土可流等重要问题，极大地限制了模型方法在该区的适用性，也导致该区相关研究往往以小尺度观测和监测为主，区域尺度的研究进展缓慢。我们一直贯彻过程-格局耦合理论，通过多样化的途径去提升模拟性能，包括关键过程实验监测、大量文献参阅、数值计算优化等。对于 RUSLE 模型，通过参数计算修正和高精度数据应用，重点解决了重度石漠化无土可流和石林出露的阻挡效应的问题；对于 CASA 模型，主要是基础数据的精度提升和区域参数的替换；对于 SWAT 模型，通过重点参数的敏感性分析和校准与调整，一定程度上解决了地上地下连通的问题，对于陆面模式，我们针对影响土壤水分模拟过程最为重要的导水率和水势进行数值优化，在显著提升精度的同时也提升了其区域应用性；此外，还拓展思维，将当前在生态系统服务权衡研究时所用方法侧重定性、全局的问题，提出基于不同方法优势去耦合参数以反映关系程度的同时考虑空间信息。

3）对于认识论，在土地利用和覆被方面，最显著的进展就是基于空间与数值的结合。明确了相关研究对象的多尺度框架，发现在大尺度上，温度是喀斯特地区植被覆盖时空变异的控制因素，究其原因，该区降水量比较充足，热量反而因云层遮挡而起到更加重要的作用，但在流域尺度上，人类活动的影响非常显著，尤其在本底更为脆弱的石灰岩地区，生态系统响应土地利用的敏感性显著强于白云岩、碎屑岩及其互层和夹层区域。在生态系统服务方面，我们发现土地利用是土壤侵蚀的主导因子，而且过去 30 多年这种主导作用愈加强烈，也反映了从 20 世纪 80 年代末的长治工程，到 90 年代末的退耕还林、天然林资源保护工程，以及 21 世纪以来实施的两次岩溶治理工程所起到的作用；对产流量而言，地形因子是总径流与地下径流的主控因素，但对地表径流而言，上游海拔较高地区，植被覆盖较为重要，下游地区园地的广泛分布对地表产流影响深刻；在更为广义的水源涵养方面，石漠化显著降低了生态系统的功能，这其中最为重要的是，虽然总量增加，但是土壤水分涵养降低，水土流失风险增加；对于植被碳固定服务，植被覆盖度与温度是植被 NPP 空间分布的显著控制因子，且因子之间的两两交互作用均能增强对植被 NPP 空间分布的解释力，同时，研究发现地貌形态及其内部特征对植被 NPP 的空间分布及环境因子对植被 NPP 的解释力具有宏观控制作用，各个因子对植被 NPP 空间分布的解释力及不同地貌形态类型区内因子的层间差异均随地貌特征的变化而显现出不同程度的差异性；而对不同生态系统服务的空间关系而言，不同环境因子梯度下生态系统服务之间的空间关系表现出明显的空间分异性，同时，地貌特征对生态系统服务之间的空间权衡关系具有宏观控制作用。因此，今后在以生态系统服务协同提升为目标的喀斯特石漠化治理工作中，应强调环境因子作用程度的空间差异及地貌形态特征的宏观控制作用。

9.2　未来研究展望

人地关系不仅是地理学永恒的主题，也是当前诸多国际计划的核心议题，如 Future Earth、IPCC、IPBES 等，因此未来我们将继续围绕生态系统服务及其适应性这一研究方向，通过过程–格局耦合的思路继续深化上述问题的研究，尤其是从被动胁迫到主动应对，重点关注水土过程适应机制与生态系统服务协同格局等科学问题，具体来说，以脆弱生态系统适应性为核心，借助作者课题组已经构建的融合趋势与转折的适应性指数、Meta 整合与多维数据挖掘技术手段，探究土地利用和气候变化胁迫下的水土过程自适应规律、人为适应措施的效应和机制；在此基础上，进一步突出区域社会经济福祉，借助陆面模式和情景分析等手段，研究区域生态系统服务适应特征，并将其纳入生态–福祉统计与均衡模型中，以期解决土地利用和气候变化胁迫下的生态–行业–经济协同优化问题，从过程、服务、福祉三个层面对脆弱生态系统适应性开展全面研究。